图 2.2　自然排序规则

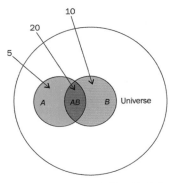

图 5.6　事时 A 和事件 B 的并集

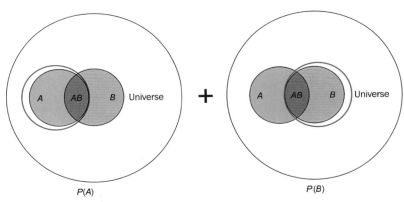

图 5.8　将事件 A 和事件 B 的圆形区域相加

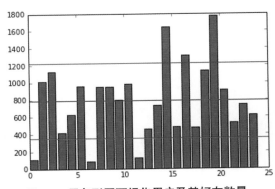

图 7.1　用条形图可视化用户及其好友数量

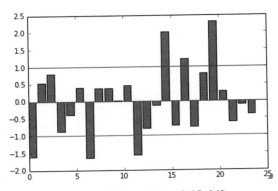

图 7.3　对图 7.2 加入 3 条辅助线

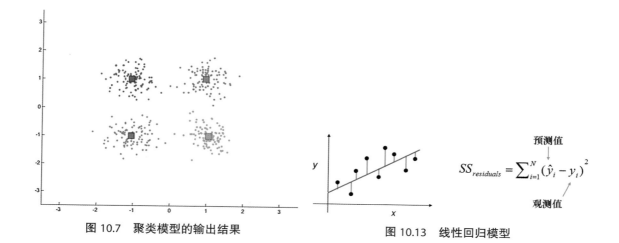

图 10.7 聚类模型的输出结果

$$SS_{residuals} = \sum_{i=1}^{N} (\hat{y}_i - y_i)^2$$

预测值

观测值

图 10.13 线性回归模型

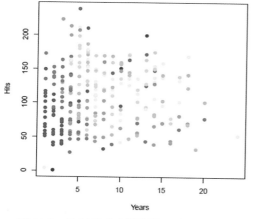

图 11.5 美国棒球大联盟的运动员数据

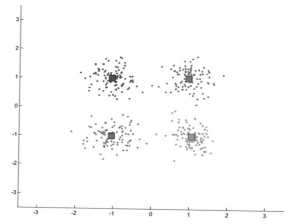

图 11.12 某数据集聚类后的结果

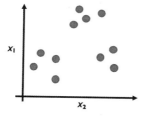

图 11.13 图解 K 均值聚类（1）

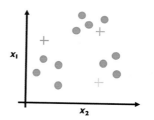

图 11.14 图解 K 均值聚类（2）

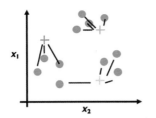

图 11.15　图解 K 均值聚类（3）

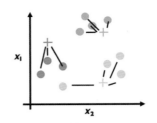

图 11.16　图解 K 均值聚类（4）

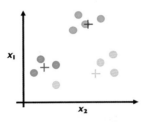

图 11.17　图解 K 均值聚类（5）

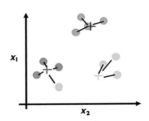

图 11.18　图解 K 均值聚类（6）

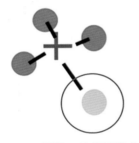

图 11.19　图解 K 均值聚类（7）

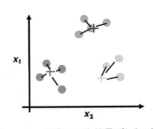

图 11.20　图解 K 均值聚类（8）

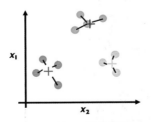

图 11.21　图解 K 均值聚类（9）

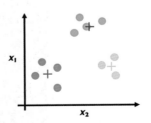

图 11.22　图解 K 均值聚类（10）

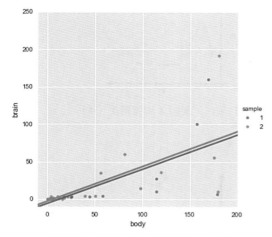

图 12.7　将图 12.6 中两图合在一起

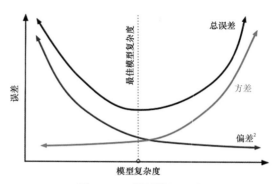

图 12.10　模型的总误差

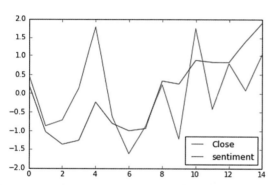

图 13.12　调整特征值尺度后的苹果公司股价和成交量

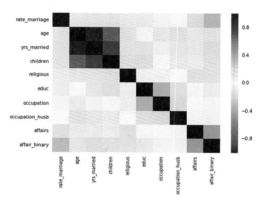

图 13.18　用热力图表示的相关性矩阵

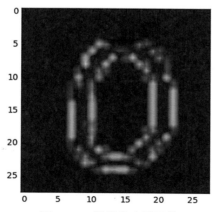

图 13.22　数据集中的图片

深入浅出数据科学

Principles of Data Science

[美] 斯楠·奥兹德米尔（Sinan Ozdemir） 著　张星辰 译

人民邮电出版社

北京

图书在版编目（ＣＩＰ）数据

深入浅出数据科学 / （美）斯楠·奥兹德米尔
(Sinan Ozdemir) 著；张星辰译. -- 北京：人民邮电
出版社，2018.10（2022.8重印）
 ISBN 978-7-115-48126-9

Ⅰ. ①深… Ⅱ. ①斯… ②张… Ⅲ. ①数据处理
Ⅳ. ①TP274

中国版本图书馆CIP数据核字(2018)第056068号

版 权 声 明

◆ 著　　　[美] 斯楠·奥兹德米尔（Sinan Ozdemir）
　　译　　　张星辰
　　责任编辑　王峰松
　　责任印制　焦志炜
◆ 人民邮电出版社出版发行　　北京市丰台区成寿寺路 11 号
　　邮编　100164　电子邮件　315@ptpress.com.cn
　　网址　http://www.ptpress.com.cn
　　天津翔远印刷有限公司印刷
◆ 开本：800×1000　1/16　　　　彩插：2
　　印张：20.75　　　　　　　　2018 年 10 月第 1 版
　　字数：332 千字　　　　　　　2022 年 8 月天津第 9 次印刷
　　著作权合同登记号　图字：01-2016-8085 号

定价：69.00 元
读者服务热线：(010)81055410　印装质量热线：(010)81055316
反盗版热线：(010)81055315
广告经营许可证：京东市监广登字 20170147 号

内容提要

数据科学家是目前最热门的职业之一。本书全面介绍了成为合格数据科学家所需的必备知识、技能和工作流程，是一本内容全面的实用性技术图书。

本书分为 13 章，其中第 1～3 章介绍数据科学；第 4～8 章介绍数学知识，包括统计学和概率论；第 9 章介绍数据可视化；第 10～12 章介绍机器学习；第 13 章介绍案例。各个章节内容均由浅入深，同时通过案例和 Python 代码，使读者掌握实战技能。

本书适合有志于成为数据科学家的师生或业界新手，同时也适合经验丰富的职场老手参考。

关于作者

Sinan Ozdemir 是一名数据科学家、创业者和教育工作者。Sinan 的学术生涯在约翰·霍普金斯大学（The Johns Hopkins University）渡过，主修数学专业。随后他从事教育事业，曾经在约翰·霍普金斯大学和 General Assembly 公司举办多次数据科学讲座。在此之后，他创立了旨在通过人工智能技术和数据科学力量帮助企业销售团队的创业公司 Legion Analytics。

在完成 Y Combinator 创业加速器之后，Sinan 的大部分时间都在经营这家快速成长的公司，同时也会制作一些数据科学教育资料。

我要感谢父母和姐姐对我的帮助，同时还要感谢我的导师们，包括约翰·霍普金斯大学的 Pam Sheff 博士和 Sigma Chi 兄弟会的 Nathan Neal。

感谢 Packt 出版社给予我和大家分享数据科学原理的机会，我非常激动这个领域将在未来数年改变我们所有人的生活。

译者简介

张星辰，北京荣之联科技股份有限公司 BI 技术顾问，毕业于重庆邮电大学，具有 5 年数据相关工作经验，熟悉商业智能和数据可视化，通过了微软数据科学专业认证。

中文版审校人

鲜思东，重庆邮电大学教授，硕士生导师，复杂系统智能分析与决策重庆市高校重点实验室副主任，中国商业统计学会理事。现任国际期刊《Advancements in Case Studies》编辑，担任《Knowledge-Based Systems》和《IEEE Transactions on Systems、Man and Cybernetics: Systems》等多个国际期刊的审稿人。

洪贤斌，西交利物浦大学、英国利物浦大学机器学习方向博士生，苏州谷歌开发者社区组织者。

英文版审稿人

Samir Madhavan 有 6 年的数学科学实战经验，著有《Mastering Python for Data Science》一书。Samir 曾是 Mindtree 公司反欺诈算法团队 Aadhar 的一员，参与了 UID（Unique Identification）项目。此后，他作为首批员工加入 Flutura Decision Sciences and Analytics 公司，作为核心成员帮助团队壮大至数百人。在此期间，他利用大数据和机器学习技术帮助 Flutura 公司进行商业拓展。目前，他是总部设在波士顿的高科技医药公司 Zapprx 的数据分析团队负责人，帮助 Zapprx 打造数据驱动的产品，以便更好地服务客户。

Oleg Okun 是机器学习专家，曾以作者和编辑身份参与 4 本图书的出版，以及多篇文章、会议论文的发表。Oleg 的职业生涯超过 25 年，他活跃在白俄罗斯的学术界和工业界，也曾在芬兰、瑞士和德国工作过。Oleg 的工作经验包括图片分析、指纹生物识别、生物信息、在线/离线营销分析和信用评分分析。

Oleg 对机器学习和物联网（IoT）充满了热情，目前在德国汉堡工作。

我要向父母表达最深切的感谢，感谢他们为我做的一切。

前言

本书的主题是数据科学。在过去几十年，这个领域的研究和应用都获得了飞速发展。作为一个快速发展的领域，数据科学正在吸引媒体和就业市场的关注。2015 年，美国政府任命 DJ Patil 为史上第一任首席数据科学家。坦白讲，这一举动是对科技公司最近大举招募数据团队行为的效仿。数据科学技能受到广泛欢迎，其人才市场需求必将远远超过今天的就业市场。

这本书将力求弥合数学、编程和专业领域之间的差距。很多人是某一个（或者两个）领域的专家，但合理地使用数据科学需要同时精通以上 3 个领域。我们将深入讨论这 3 个领域并解决复杂的问题。我们将清洗、探索和分析数据，得出科学、准确的结论。我们还将利用机器学习和深度学习技术解决更加复杂的数据问题。

本书涵盖的内容

第 1 章：如何听起来像数据科学家。本章将介绍数据科学家常用的专业术语和解决的问题类型。

第 2 章：数据的类型。本章将介绍不同类型和尺度的数据，以及如何处理这些数据。从本章起，我们将介绍数据科学必备的数学知识。

第 3 章：数据科学的 5 个步骤。本章将介绍实施数据科学的 5 个基本步骤，包括数据探索和数据获取、数据建模、可视化分享等。本章会通过案例对每个步骤进行详细介绍。

第 4 章：基本的数学知识。本章将介绍微积分、线性代数等数学知识，并用案例介绍它们如何帮助数据科学家做出判断。

第 5 章：概率论入门：不可能，还是不太可能。本章将以初学者的视角介绍概率论的基本理论，以及如何利用概率论从随机世界中获取知识。

第 6 章：高等概率论。本章将尝试利用上一章介绍的概率论知识，比如贝叶斯推理，探索现实世界中隐藏的意义。

第 7 章：统计学入门。本章将使用统计推断法解决问题，包括基本的统计试验、正态分布和随机抽样等方法。

第 8 章：高等统计学。本章将使用假设检验、置信区间等方法对试验结果进行评价，学会正确理解 p 值和其他指标的含义。这些技能至关重要。

第 9 章：交流数据。本章将介绍相关性和因果关系如何影响我们对数据的理解，学会通过数据可视化和他人交流数据，分享数据科学分析结果。

第 10 章：机器学习精要：你的烤箱在学习吗。本章将介绍机器学习的定义，并通过真实案例介绍机器学习可以在何时、以何种方式被使用。本章还将介绍如何评价模型。

第 11 章：树上无预言，真的吗。本章将介绍更复杂的机器学习模型，比如决策树模型和贝叶斯预测模型，以解决更复杂的数据问题。

第 12 章：超越精要。本章将介绍数据科学中的一些神秘力量，包括偏差和方差。神经网络将作为一种流行的深度学习技术进行介绍。

第 13 章：案例。本章将通过一系列案例强化你对数据科学的理解。我们将通过预测股价、笔迹检测等案例，反复演练数据科学工作流的全过程。

你需要做的准备工作

本书使用 Python 代码演示所有案例。你需要一台安装了 Python 2.7 且有 UNIX 风格终端窗口的计算机（Linux/Mac/Windows）。我也推荐使用 Anaconda，它包含了本书案例中使用的大多数 Python 包。

本书面向的读者

本书面向希望学习数据科学，并在各自领域中使用它的人。

读者需要有基本的数学基础（代数或概率论），能够阅读 R/Python 脚本以及伪码。读者不一定要有数据领域的经验，但必须对学习和使用本书所讲的技能具有热情，无论是对自己的数据集还是其他数据集。

约定

本书运用了多种不同的文本格式，以便对相关信息进行区分。以下是部分文本格式和对它们的解释。

代码块的格式如下：

```
tweet = "RT @j_o_n_dnger: $TWTR now top holding for Andor, unseating $AAPL"
words_in_tweet = first_tweet.split(' ')    # list of words in tweet
```

当我想提醒你注意某段代码时，相关代码行和信息将被加粗：

```
for word in words_in_tweet:            # for each word in list
  if "$" in word:                      # if word has a "cashtag"
    print "THIS TWEET IS ABOUT", word  # alert the user
```

警告或重要备注出现在这种类型的提示框。

提示和技巧出现在这种类型的提示框。

资源与支持

本书由异步社区出品，社区（https://www.epubit.com/）为您提供相关资源和后续服务。

配套资源

本书提供如下资源：

- 本书源代码；

- 书中彩图文件。

要获得以上配套资源，请在异步社区本书页面中点击 配套资源 ，跳转到下载界面，按提示进行操作即可。注意：为保证购书读者的权益，该操作会给出相关提示，要求输入提取码进行验证。

提交勘误

作者和编辑尽最大努力来确保书中内容的准确性，但难免还会存在疏漏。欢迎您将发现的问题反馈给我们，帮助我们提升图书的质量。

当您发现错误时，请登录异步社区，搜索到本书页面，点击"提交勘误"，输入相关信息，点击"提交"按钮即可。本书的作者和编辑会对您提交的勘误进行审核，确认并接受后，您将获赠异步社区的 100 积分。积分可用于在异步社区兑换优惠券，或者用于兑换样书或奖品。

扫码关注本书

扫描下方二维码，您将会在异步社区微信服务号中看到本书信息及相关的服务提示。

与我们联系

我们的联系邮箱是 contact@epubit.com.cn。

如果您对本书有任何疑问或建议，请您发邮件给我们，并请在邮件标题中注明本书书名，以便我们更高效地做出反馈。

如果您有兴趣出版图书、录制教学视频，或者参与图书翻译、技术审校等工作，可以发邮件给我们，或者到异步社区在线提交投稿（直接访问 www.epubit.com/selfpublish/submission 即可）。

如果您是学校、培训机构或企业，想批量购买本书或异步社区出版的其他图书，也可以发邮件给我们。

如果您在网上发现有针对异步社区出品图书的各种形式的盗版行为，包括对图书全部或部分内容的非授权传播，请您将怀疑有侵权行为的链接发邮件给我们。您的这一举动是对作者权利的保护，也是我们持续为您提供有价值的内容的动力之源。

关于异步社区和异步图书

"异步社区"是人民邮电出版社旗下 IT 专业图书社区,致力于出版精品 IT 技术图书和相关学习产品,为作译者提供优质出版服务。社区创办于 2015 年 8 月,提供超过 1000 种图书、近千种电子书,以及众多技术文章和视频课程。更多详情请访问异步社区官网 https://www.epubit.com。

"异步图书"是由异步社区编辑团队策划出版的精品 IT 专业图书的品牌,依托于人民邮电出版社近 30 年的计算机图书出版积累和专业编辑团队,相关图书在封面上印有异步图书的 LOGO。异步图书的出版领域包括软件开发、大数据、AI、测试、前端、网络技术等。

目录

第 1 章
如何听起来像数据科学家

不管你从事哪个行业——IT、时尚、食品或者金融，数据都在影响着你的生活和工作。在本周的某个时刻，你也许会参与一场关于数据的讨论。新闻媒体正在越来越多地报道数据泄露、网络犯罪，以及如何利用数据窥视我们的生活。但为什么是现在？为什么今天这个时代是数据相关产业的温床？

在 19 世纪，世界处于**工业时代（industrial age）**。人类通过伟大的机械发明和工业探索世界。工业时代的领袖们，比如亨利·福特，认识到通过这些机器可以创造巨大的市场机会，赚取前所未有的利润。当然，工业时代有利也有弊。在我们将大量商品送到消费者手中时，人类也开始了和污染的斗争。

在 19 世纪，我们非常擅长制造大型机器。但到了 20 世纪，我们的目标是让机器变得更小、更快。工业时代已经结束，取而代之的是**信息时代（information age）**。为了更好地理解事物的运转情况，我们开始使用机器收集和存储我们自身与周围环境的各种信息（数据）。

从 1940 年开始，像 ENIAC（被认为是最早的计算机之一）这样的机器被用来计算和运行之前从未计算过的数学方程、运行模型和模拟，如图 1.1 所示。

图 1.1　ENIAC 计算机

我们终于有了比人类更擅长运算数字的像样的实验室助手！和工业时代一样，信息时代也有利有弊。信息时代的好处是人类取得了科技发明的非凡成就，比如电视和移动电话；坏处虽然没有全球性污染那样严重，但仍然留给我们一个 21 世纪的难题——过多的数据。

是的，信息时代在数据收集领域的高速发展，让电子化数据的产量爆炸式增长！据估算，在 2011 年，我们产生了 1.28×10^{12} GB 的数据（好好想一下有多大吧）。仅仅 1 年之后，在 2012 年，我们产生了超过 2.8×10^{12} GB 的数据！这个数字只会继续爆炸或增长。预计 2020 年产生的数据量将达到 4×10^{13} GB。每当我们发布推文，张贴脸书，用微软 Word 软件保存简历，或者用短信给妈妈发送一张照片，都促进了这个数字的增长。

我们不仅以前所未有的速度生产数据，我们消费数据的速度也在加快。在 2013 年，手机用户平均每月使用的流量在 1GB 以内。据估算，今天这一数字已经远超每月 2GB。我们希望从数据中探寻的是**洞察（insight）**，而不仅仅用于性格测试。数据就在那里，总有一些对我们有价值！肯定有！

我们拥有如此多的数据，而且正在生产更多数据，我们甚至制造了很多疯狂的小机器 24×7 不间断的收集数据，在 21 世纪，我们面对的真正问题是如何搞懂这些数据。先辈们在 19 世纪发明了机器，在 20 世纪生产和收集了数据，在**数据时代（data age）**则要从数据中探寻洞察和知识，让地球上每个人都受益。美国政府已新设立了"**首席数据科学家（chief data scientist）**"的职务。那些到现在还没有数据科学家的科技公司，比如 Reddit，已经开始招募数据科学家。这样做的好处显而易见——用数据做精准的预测和模拟，可以让我们以前所未有的方式观察世界。

这听起来很不错，但究竟是什么意思呢？

本章我们将研究现代数据科学家们使用的专业术语。我们将学习贯穿全书的数据科学关键词和用语。在开始接触 Python 代码之前，我们还将讨论为什么使用数据科学，以及催生数据科学的 3 个重要领域：

- 数据科学基本的专业术语。

- 数据科学的 3 个领域。

- 基本的 Python 语法。

1.1 什么是数据科学

在我们进行更深入的讨论之前，先熟悉一下本书将涉及的基本定义。数据科学领域让人激动或者讨厌的都是太年轻，以至于很多定义在教科书、新闻媒体和企业白皮书上各不相同。

1.1.1 基本的专业术语

以下对专业术语的定义较为通用，足够日常工作和讨论之用，也符合本书对数据科学原理的定位。

我们先从什么是**数据（data）**开始。给"数据"下定义可能有些可笑，但确实非常重要。当使用"数据"这个词时，我们指的是**以有组织（organized）和无组织（unorganized）**格式聚集在一起的信息。

- **有组织数据（organized data:）**：指以行列结构分类存储的数据，每一行代表一个**观测对象（observation）**，每一列代表一个**观测特征（characteristic）**。

- **无组织数据（unorganized data:）**：指以自由格式存储的数据，通常指文本、原始音频/信号和图片等。这类数据必须进行解析才能成为有组织的数据。

每当你打开 Excel（或者其他电子制表软件）时，你面对的是等待输入有组织数据的空白行或列。这类程序并不能很好地处理无组织数据。虽然大部分时候我们处理的都是有组织数据，因为它最容易发现洞察，但我们并不畏惧原始的文本数据和处理无组织数据的各种方法。

数据科学是从数据中获取知识的艺术和科学。这个定义虽小，却非常准确地描述了这一宏大课题的真正目的！数据科学涉及的范围非常广，需要好几页纸才能列出全部内容（我确实尝试编写过）。

数据科学是关于如何处理数据、获取知识，并用知识完成以下任务的过程：

- 决策。

- 预测未来。

- 理解过去或现在。

● 创造新产业或新产品。

本书将讨论数据科学的各种方法，包括如何处理数据、探寻洞察，并利用这些洞察做准确的决策和预测。

数据科学也是利用数据获取之前未曾想到的新见解的科学。

举个例子，假设你和其他 3 个人坐在会议室，你们需要根据数据做出一个决定。目前已经有 4 种观点，你需要使用数据科学的方法提出第 5 个、第 6 个，甚至第 7 个观点。

数据科学不是取代人类大脑，而是和人类大脑一起工作。数据科学也不应该被认为是终极解决方案，它仅仅提供了一个富有见地的观点，也仅仅是一个观点而已，但它值得在会议桌上拥有一席之地。

1.1.2　为什么是数据科学

很明显，我们在数据时代拥有过剩的数据。但为什么**数据科学（data science）**能够作为一个新词汇出现呢？我们过去使用的**数据分析（data analysis）**方法出了什么问题？首先，在数据时代，数据通过各种来源以各种形式被收集，且很多是无组织数据。巨大的数据量使得传统的人工方式已经无法在合理的时间内完成数据分析。

数据会缺失、不完整，甚至完全错误。很多时候，数据的**尺度（scale）**不同导致对数据难以进行对比。比如在分析二手汽车价格时，一个特征是汽车制造年份，另一个特征是汽车行驶里程数。只有进行数据清洗（本书将用大量篇幅对其讲解）之后，数据中蕴含的关系才会越来越明显，深埋在数百万行数据中的知识才能显露出来。数据科学的主要用途之一是使用清晰的方法和过程，发现并利用数据中蕴含的关系。

我们之前从历史的角度讨论了数据科学，下面我们用几分钟时间，通过一个简单的例子，讨论数据科学在当今商业中扮演的角色。

1.1.3　案例：西格玛科技公司

西格玛科技公司 CEO Ben Runkle 正在解决一个大问题。他的公司正在不断失去老客户，他不知道背后的原因，但必须尽快采取行动。同事告诉他，公司必须开发新功能和新产品，并巩固现有技术，这样才能降低流失率。为了保险起见，他请来了首席数据科学家 Jessie Hughan 博士。Hughan 博士并不认为新产品和新功能能够挽救公司。相反，她在分析了历史客户服务记录后，向 Runkle 展示了最近几天的记录和令人吃惊的发现：

- "……不确定如何导出，你呢？"
- "创建新列表的按钮在哪里？"
- "等等，你真的知道滚动条在哪里吗？"
- "如果今天无法解决，它将给我带来大麻烦……"

很明显，用户在使用现有 UI/UX 时遇到了麻烦，而不是因为新功能的缺失！Runkle 和 Hughan 组织员工对 UI/UX 进行了重要改善，西格玛公司的销售额也达到了前所未有的高度。

当然，这个例子的分析过程过于简单，但它揭示了一个观点。我们喜欢将 Runkle 这样的人称为**司机（driver）**。今天，许多严重依靠直觉的 CEO 希望快速做出决定，并尝试所有的方案，直到找到答案。Hughan 博士则具有分析能力。她和 Runkle 一样希望解决问题，但她的策略是从用户产生的数据中寻找答案，而不是依靠感觉。数据科学正是利用这样的分析能力，帮助"司机"做决定。

这两种思维方式在企业中都有用途。然而，统治着数据科学领域的是 Hughan 博士的思维方式——将公司的数据作为信息源，从中得出解决方案，并一直坚持下去。

1.2 数据科学韦恩图

一个常见的误解是，只有博士和天才们才能掌握数据科学背后的数学和编程知识。这绝对是个错误！理解数据科学需要从以下 3 个领域开始。

- **数学/统计学（math/statistics）**：指使用方程和公式进行分析。
- **计算机编程（computer programming）**：指通过代码用计算机生成结果。
- **领域知识（domain knowledge）**：指理解问题所处的领域（医学、金融、社会科学等）。

图 1.2 所示的韦恩图形象地展示了这 3 个领域的关系，数据科学是三者的交集。

编程技术可以让你构思和编写复杂的机器算法。数学和统计学知识可以让你对算法进行推理、评价和改善，以适应特殊情况。而领域知识则可以让你将以上结果在现实中发挥价值。

虽然拥有以上 3 个技能中的两个已经可以让你足够聪明，但这仍然不够。试想你精通编程，并接受过正式的日间交易训练。你开发了一个自动交易系统，但由于缺乏数学知识而无法对算法的有效性进行评价，导致长期来看自动交易系统是赔本的。因此，只有当你同时拥有编程、数学和领域知识 3 个技能，才能真正应用数据科学。

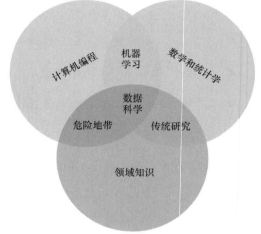

图 1.2　韦恩图

你可能好奇什么是**领域知识（domain knowledge）**。它仅仅指工作中涉及的专业知识。如果让一个金融分析师分析心脏病数据，那么他很可能需要心脏病专家的帮助才能搞懂数字的含义。

数据科学是这 3 个领域的交叉地带。为了从数据中获取知识，我们需要利用计算机获取数据，理解模型背后的数学含义，以及最重要的——理解分析结果应用的场景，包括数据展示等。比如，假设我们创建了一个心脏病预测模型，那么是否需要创建一个 PDF 文档或 APP 应用程序，使得只需输入一些关键数字就能得到预测结果？以上是需要数据科学家回答的问题。

请注意，数学和编程的交集是**机器学习（machine learning）**。本书后半部分会十分详尽地讲解机器学习。在此之前，我们必须认识到，如果不能将模型和结果应用到具体的业务场景中，那么模型，包括机器学习算法，仅仅是电脑中的几行代码而已，毫无意义。

比如，你可能拥有最好的预测癌症的算法，根据历史数据算法预测的准确率高达 99%，但如果不能让医生和护士方便地使用，那么算法就没有任何意义。

本书将深入讨论计算机程序和数学。领域知识则来自于数学科学实践和学习他人的分析案例。

1.2.1 数学

很多人不喜欢听数学相关的东西，他们会附和着点点头，以掩饰对这个主题的不屑。本书将引导你学习数据科学必备的数学知识，特别是**概率（probability）**和**统计学（statistics）**，我们将用它们创建模型。

数据模型（data model）指数据元素之间有组织的、正式的关系，通常用来模拟现实世界的某个现象。

我们还会用数学公式表示变量间的关系。作为前数学家和现任数学教师，我理解学习这些内容的困难程度，并将尽最大的努力清晰地讲解所有内容。在数据科学的 3 个技能中，数学让我们拥有从一个行业跨到另一个行业的能力。掌握了数学理论，我们就可以将为时尚界打造的模型转变成金融模型。

案例：产卵鱼—幼鱼模型

在生物学中，我们使用"产卵鱼—幼鱼模型（spawner-recruit models）"和其他模型一起评价物种的健康程度。该模型描述了单位动物群体中含有的健康父母和新生后代间的关系。在图 1.3 中，我们可视化展示了三文鱼产卵鱼和幼鱼之间的关系，原始数据来自一个公开数据集。我们可以明显地看出两者之间存在某种程度的正相关（两个指标同时增长）。但如何才能量化这种关系呢？比如，已知种群中产卵鱼的数量，我们如何预测种群中幼鱼的数量呢？反之也一样。

通常来讲，模型允许我们通过一个变量得到另一个变量。比如：

$$幼鱼 = 0.5 \times 产卵鱼 + 60$$

假设我们已知某三文鱼群中含有 1.15 产卵鱼（单位：千），那么根据以上公式，我们有：

$$幼鱼 = 0.5 \times 1.15 + 60$$
$$幼鱼 = 60.575$$

这个结果有助于判断种群的健康变化。通过模型，我们可以观察两个变量之间的关系和变化趋势。

模型有很多种，比如**概率模型（probabilistic model）**和**统计模型（statistical model）**。这些模型又都属于一个更大的范式——**机器学习（machine learning）**。它们的核心思想是利用数据找出最佳的模型，使得我们不再依赖人类的直觉，而是依赖数据做出判断。

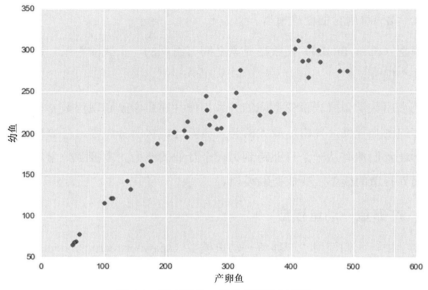

图 1.3　对产卵鱼—幼鱼模型的可视化

本例的目的是展示如何使用数学方程表示数据元素间的关系。事实上，这和我使用的三文鱼数据没有任何相关性。在本书中，我们还将研究营销资金、情绪数据、饭店点评等不同数据集，以便让你尽可能地接触不同的领域。

数学和代码是数据科学家得以居身幕后，将自身技能应用于任何地方的工具。

1.2.2　计算机编程

让我们说实话吧，你可能认为计算机比数据更酷。没关系，我不怪你。新闻中很少出现数学新闻，正如很少出现纯技术新闻一样。打开电视，你不会看到素数的最新理论，相反，你看到的是新款手机拍摄的照片比之前更好的报道。

计算机语言是关于如何和机器交流，让机器执行人类命令的语言。和书可以用多种语言写一样，计算机也有多种语言进行交流。很多计算机语言都有助于我们研究数据科学，比如 Python、Julia 和 R。本书将专注 Python。

1.2.3 为什么是 Python

我们选择 Python 有很多理由，包括以下几个。

- Python 的阅读和编写极其简单，即使你从来没有写过代码，也能快速地阅读和理解本书的例子。

- Python 是生产和学术研究中最常见的语言之一（事实上也是增长最快的语言）。

- Python 有庞大而友好的在线社区，这意味着只需简单搜索就能找到问题的答案。

- Python 有内置的数据科学模块，既适合数据科学家新手，也适合有经验的数据科学家。

最后一条是我们专注 Python 最重要的原因。Python 内置的模块不仅功能强大，而且很容易安装。在学完本书前几章节后，你将熟悉以下模块。

- pandas。

- scikit-learn。

- seaborn。

- numpy/scipy。

- requests（用于抓取 Web 数据）。

- BeautifulSoup（用于解析 Web-HTML）。

Python 练习

在深入学习 Python 之前，最好先熟悉一下必备的编程知识。

在 Python 中，我们用**变量（variables）**作为对象的占位符。我们重点关注以下几种变量的类型。

- 整型（int）。

比如：3，6，99，-34，34，11111111。

- 浮点型（float，指有小数点的数值）。

比如：3.14159，2.71，-0.34567。

- 布尔型（boolean，指真或假）。

    ○ 命题"星期六是周末"是真命题。

    ○ 命题"星期五是周末"是假命题。

    ○ 命题"圆周率等于圆周长除以直径"是真命题。

- 字符串（string，指由文本或单词构成的类型）。

    ○ "我喜欢汉堡"。

    ○ "Matt 棒极了"。

    ○ 每条推文是一个字符串。

- 列表（list，指由多个对象组成的集合）。

    比如：[1, 5.4, True, 'Apple']。

我们还需要理解一些基本的逻辑运算符。请牢记，这些运算符的计算结果是布尔型，即真（True）或假（False）。下面来看几个例子。

- ==（如果两边的值完全相等，则为真；反之为假）。

    ○ 3 + 4 == 7（真）。

    ○ 3 - 2 == 7（假）。

- <（如果左边的值小于右边的值，则为真；反之为假）。

    ○ 3 < 5（真）。

    ○ 5 < 3（假）。

- <=（如果左边的值小于或等于右边的值，则为真；反之为假）。

  - 3 <= 3（真）。

  - 5 <= 3（假）。

- >（如果左边的值大于右边的值，则为真；反之为假）。

  - 3 > 5（假）。

  - 5 > 3（真）。

- >=（如果左边的值大于或等于右边的值，则为真；反之为假）。

  - 3 >= 3（真）。

  - 3 >= 5（假）。

用 Python 编写代码时，我们使用井号（#）表示注释，注释不会被当作代码处理，仅作为用户阅读代码的参考。井号（#）右边的任何信息都是被执行的代码的注释。

案例：简单的 Python 代码

在 Python 中，我们使用**空格（space）**或**制表符（tab）**表示隶属于其他行的代码。

请注意 if 语句的使用，它和你想要表达的意思完全一致，即当紧跟在 if 后的命题为真时，if 语句下缩进的代码将被执行，如下所示。

```
X = 5.8
Y = 9.5

X +Y == 15.3          # This is true!

X -Y == 15.3          # This is false!
if X + Y == 15.3:     # if the statement is true
 print "True!"        # print something!
```

由于 print 语句前有缩进，所以代码 print"True!"隶属于 if x + y == 15.3。这意味着 print 语句只有在 x + y 等于 15.3 的情况下才会被执行。

列表类型变量可以保存不同数据类型的对象，比如变量 my_list 含有 1 个整型、1 个浮点型、1 个布尔型和 1 个文本型对象。

```
my_list = [1, 5.7, True, "apples"]

len(my_list) == 4 # 4 objects in the list

my_list[0] == 1 # the first object

my_list[1] == 5.7 # the second object
```

在以上代码中：

- 指令 len 用于计算列表的长度（结果为 4）。

- Python 的索引以 0 为起始，而不是 1。事实上，大部分计算机程序都从 0 开始计数。如果要得到列表的第 1 个对象，需要使用索引 0；如果要得到列表的第 95 个对象，需要使用索引 94。

案例：分析一条推文

以下是更多的 Python 代码。在本例中，我们将分析一些含有股票价格信息的推文（本书中一个重要的案例是根据社交媒体情绪变化，预测股票价格的波动）。

```
tweet = "RT @robdv: $TWTR now top holding for
            Andor, unseating $AAPL"

words_in_tweet = tweet.split(' ') # list of words in tweet

for word in words_in_tweet:          # for each word in list
  if "$" in word:                    # if word has a "cashtag"
  print "THIS TWEET IS ABOUT", word  # alert the user
```

下面对以上代码片段逐条进行解释。

（1）用变量 tweet 存储推文信息（Python 中的 string 类型）：RT @robdv: $TWTR now top holding for Andor, unseating $AAPL。

（2）word_in_tweet 变量用于对原始推文进行切分（将文字隔开）。如果输出该变量，你将看到以下内容：

```
['RT',
 '@robdv:',
 '$TWTR',
 'now',
 'top',
 'holding',
 'for',
 'Andor,',
 'unseating',
 '$AAPL']
```

（3）接下来使用 for 循环，对文本列表进行迭代，逐个查看列表中的对象。

（4）然后用 if 语句，判断推文中的每一个词是否包含$符号（人们在推文中使用$表示股票行情）。

（5）如果 if 语句的运行结果为真（即推文中包含$符号），则输出该词。

这段代码的运行结果如下：

```
THIS TWEET IS ABOUT $TWTR
THIS TWEET IS ABOUT $AAPL
```

它们是这条推文中仅有的两个含有$符号的单词。

凡是本书中出现的 Python 代码，我会尽量解释清楚每一行代码的用途。

1.2.4 领域知识

正如之前所说，**领域知识（domain knowledge）**主要是了解你的工作所涉及的特定领域的专业知识。如果你是分析股票市场数据的金融分析师，你就需要了解该行业的专业知识。如果你是准备报道世界发展指数的新闻工作者，那最好找一个该领域的专家进行咨询。本书将演示多个领域的案例——医学、营销和金融，甚至包括 UFO！

但是，这是否意味着如果你不是医生，就不能分析医学数据呢？当然不是！卓越的数据科学家能将他们的技能应用在任何领域，包括他们不熟悉的领域。数据科学家可以适应新领域，并在分析完成后持续贡献价值。

领域知识中最重要的部分是演示能力。你的听众决定了演示的内容，你的分析结果仅仅是交流的工具。即使你预测市场趋势的方法准确率高达 99.99%，但如果你的程序没有被采用，那它就没有任何价值。同样地，如果分析结果不适合使用场景，它也没有价值。

1.3　更多的专业术语

接下来，我们将定义更多的专业词汇。我猜你一定非常期待看到一些之前没有提及的数据科学术语，比如以下几个。

- **机器学习（machine learning）**：指计算机不依赖于程序员事先设定的规则，而具有自己从数据中学习的能力。

我们之前说机器学习是数学和编程的交叉领域。机器学习的正式定义是将计算机强大的性能和智能学习算法相结合，自动从数据中发现关系，并创建强大的模型。

提到模型，我们主要关注以下两类。

- **概率模型（probabilistic model）**：指运用概率学知识，寻找随机性因素间的关系。

- **统计模型（statistical model）**：指运用统计学知识，用数学公式的形式描述因素间的关系。

概率模型和统计模型都可以在计算机上运行，从这个角度看，它们也可以被看作机器学习。但实际上，机器学习算法从数据中发现关系的方式与它们有很大不同，因此我们才将以上三者的定义分开。我们将在随后的章节详细介绍概率模型和统计模型。

- **探索式数据分析（exploratory data analysis，EDA）**：指清洗和规整数据，并快速获得洞察。

探索式数据分析关注数据清洗和可视化。在这一步，我们将无组织数据转换为有组织数据，同时填充缺失值，修复错误数据点。在数据探索过程中，我们将绘制各种图形，识别关键特征和关系，以便搭建数据模型。

- **数据挖掘（data mining）**：是发现数据间关系的过程。数据挖掘是数据科学的重要环节（回忆一下"产卵鱼—幼鱼模型"）。

- **大数据（big data）**：我有意将这一词留到现在，因为我认为这个词被大量误用了。虽然每个人对大数据的定义都各不相同，但普遍认同的是，**大数据是体量巨大以至于单机难以处理的数据**（如果你的笔记本崩溃了，很可能是因为数据量太大）。

图 1.4 并不严谨，仅用于展示各领域之间的关系。

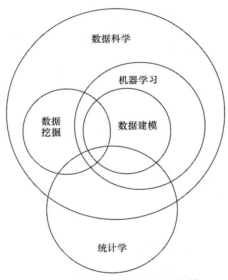

图 1.4　数据科学各领域分布图

1.4　数据科学案例

数学、计算机和领域知识三者的结合，让数据科学拥有了强大的能力。通常情况下，单个人很难同时精通以上 3 个领域，这也是为什么很多公司组建了数据科学家团队，而不是只雇用一个人。下面让我们通过案例，了解数据科学的具体过程和产出。

1.4.1　案例：自动审核政府文件

社会保障声明对政府机构和填写它的个人都是巨大的麻烦。一些声明文件需要长达两年时间才能被完全处理，这太荒谬了！下面我们来看声明中含有哪些内容，如图 1.5 所示。

B. To be completed by the claimant

PLEASE PRINT

Please Answer the Following Questions:

(1) Have you been treated or examined by a doctor (other than a doctor at a hospital) since the above date? ➤ ☐ Yes ☐ No

(If yes, please list the names, addresses and telephone numbers of doctors who have treated or examined you since the above date. Also list the dates of treatment or examination. If possible, send updated reports from these doctors to the Administrative Law Judge before the date of your hearing.)

DOCTORS NAME(S)	ADDRESS(ES) & TELEPHONE NO.(S)	DATE(S)

(2) What have these doctors told you about your condition?

(3) Have you been hospitalized since the above date? ➤ ☐ Yes ☐ No

(If yes, please list the name and address of the hospital. Also, explain why you were hospitalized and what treatment you received.)

图 1.5　社会保障声明模板

还好，大部分只是填空而已，填写人只需要一个接一个挨着填即可。我们可以想象政府工作人员每天一张一张地看这样的声明有多么辛苦，应该有更好的解决方法吧？

确实有！Elder research 公司可以分析这些非结构化数据，并能够自动处理 20% 的社会保障表格。也就是说，计算机可以处理 20% 的手写表格，并给出处理意见。

不仅如此，第三方评估公司发现，计算机自动处理的准确率高于人工处理。换言之，计算机不仅可以处理 20% 的手写表格，而且平均来看比人工做得更好！

要解雇所有员工吗

在我即将收到一大堆批评数据科学从人类手中夺走工作的邮件之前，我必须提醒各位，计算机只能处理 20%的表格，它在其余 80%的表格面前表现得非常糟糕！这是因为计算机只擅长处理简单的表格。对于简单的表格，人类需要 1 分钟完成，而计算机只需要几秒钟。如果把节省的时间相加，每个工作人员平均每天将节省 1 小时！但是当书写者表达非常简略，或使用了生僻语法时，计算机将无法识别。

这个模型的优势在于：可以让工作人员将更多时间用在处理复杂表格或声明上，避免被工作量压垮。

 请注意我对**模型（model）**一词的使用。模型指元素之间的关系。本例中，关系指手写文字或声明和是否被批准之间的关系。

1.4.2 案例：市场营销费用

本例使用的数据集记录了电视、广播和报纸 3 种营销渠道预算和销量之间的关系。我们的目的是找出营销渠道预算和销量之间的关系。数据集以行列结构存储，每一行代表一个销售区域，每一列代表对应类别的金额或数量。

 通常情况下，数据科学家必须弄清楚数据集的单位（unit）和尺度（scale）。在本例中，电视、广播和报纸列对应的单位是"千美元"，销量的单位是"千部"，如图 1.6 所示。第 1 个区域在电视上花费了 230 100 美元，在广播上花费了 38 800 美元，在报纸上花费了 69 200 美元，销量是 22 100 部。

	电视 TV	广播 Radio	报纸 Newspaper	销量 Sales
1	230.1	38.8	69.2	22.1
2	44.5	39.3	45.1	10.4
3	17.2	45.9	69.3	9.3
4	151.5	41.3	58.5	18.5
5	180.8	10.8	58.4	12.9

图 1.6 广告预算和销量

如果我们画出每个变量和销量的关系：

```
import seaborn as sns
sns.pairplot(data, x_vars=['TV','Radio','Newspaper'], y_vars='Sales',
kind='reg')
```

从图 1.7 可以看出，没有一个变量的所有数据点都逼近预测线，因此单个变量无法准确预测销量。比如，虽然电视（TV）营销费用看起来和销量（sales）具有明显的关系，但异常点也非常多。我们需要使用比"产卵鱼—幼鱼模型"更复杂的模型，用 3 个变量进行建模。

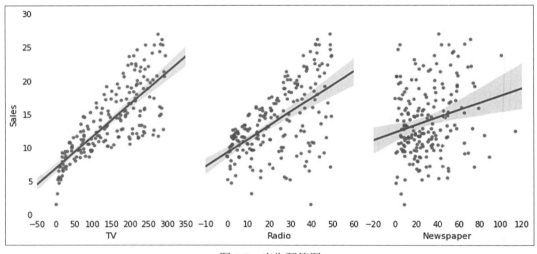

图 1.7　广告预算图

这种类型的问题在数据科学中非常常见。我们试图识别影响产品销量的关键特征，如果能够分离出关键特征，就能够利用这种关系，调整营销费用的分配方式，实现销量的提升。

1.4.3　案例：数据科学家的岗位描述

想找数据科学工作吗？太棒了，我可以帮你。在本例中，我将从网站上抓取 1000 个数据科学家的岗位描述（截至 2016 年 1 月），目的是帮你熟悉数据科学岗位描述中常见的关键词，如图 1.8 所示。

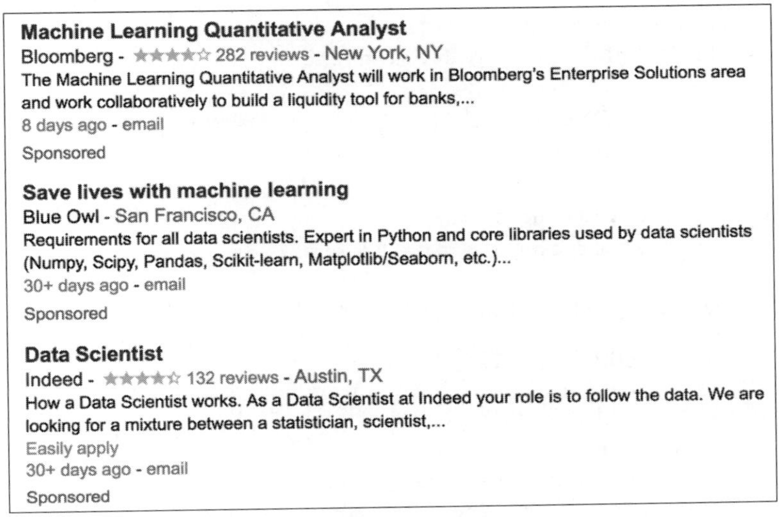

图 1.8　数据科学家招聘信息列表

请注意第二家公司要求掌握核心的 Python 库，本书将会对这些库进行介绍。

```
import requests
# used to grab data from the web

from BeautifulSoup import BeautifulSoup
# used to parse HTML

from sklearn.feature_extraction.text import CountVectorizer
# used to count number of words and phrases (we will be using this
module a lot)
```

前两行 imports 代码用于从招聘网站中抓取数据，第三行 import 用于对文本进行计数。

```
texts = []
# hold our job descriptions in this list

for index in range(0,1000,10): # go through 100 pages of indeed
  page = 'https://www.indeed.com/jobs?q=data+scientist&start='+str(index)
  # identify the url of the job listings

  web_result = requests.get(page).text
  # use requests to actually visit the url
```

```
soup=BeautifulSoup(web_result)
# parse the html of the resulting page

for listing in soup.findAll('span', {'class':'summary'}):
  # for each listing on the page

  texts.append(listing.text)
# append the text of the listing to our list
```

以上代码实现的功能是打开 100 个网页，抓取网页中的岗位描述信息。最重要的变量是 texts，它存储了 1 000 个岗位描述。

```
type(texts) # == list

vect = CountVectorizer(ngram_range=(1,2), stop_words='english')
# Get basic counts of one and two word phrases

matrix = vect.fit_transform(texts)
# fit and learn to the vocabulary in the corpus

print len(vect.get_feature_names()) # how many features are there
# There are 11,293 total one and two words phrases in my case!!
```

我删除了部分代码，但你可以在本书的 Github 库中找到。运行后的结果如下：

```
experience 320
machine 306
learning 305
machine learning 294
techniques 266
statistical 215
team 197
analytics 173
business 167
statistics 159
algorithms 152
datamining 149
software 144
applied 141
programming 132
understanding 127
world 127
research 125
```

```
datascience 123
methods 122
join 122
quantitative 122
group 121
real 120
large 120
```

从以上分析结果，我们可以看出：

- "experience（经验）"和"machine learning（机器学习）"位于列表的顶端。经验来自练习，本书则能为你提供最基本的机器学习知识。

- 紧接着是"statistical（统计）"，可见数据科学对数学和统计学具有较高的要求。

- "team（团队）"也处于较高的位置，说明你不是一只独狼，需要和其他数据科学家共事。

- "algorithms（算法）"和"programming（编程）" 等计算机科学类词汇也较为普遍。

- "techniques（技术）、understanding（理解）和 methods（方法）"偏理论化，适用于任何领域。

- "business（商业）"则强调行业的专业知识。

这个案例有很多值得关注的内容，但最重要的是数据科学岗位对应的关键词。不管是个人还是团队，真正让数据科学发挥威力的是数学、编程和领域知识三者的结合。

1.5　总结

我在本章开始时提出了一个问题：数据科学带来了什么？数据科学不仅仅是建模、游戏和有趣。我们在追求更智能的机器和算法时一定付出了某种代价。在我们用创新方式并洞察数据时，一头"怪兽"也潜伏在阴影之中。我所说的"怪兽"既不是数学和编程的学习曲线，也不是数据盈余。工业时代的后遗症是人类和污染的斗争，信息时代的后遗症是过量的数据，那么数据时代的后遗症是什么呢？

数据时代可能导致某些邪恶事情的发生——利用大数据从事反人性活动的个体。

越来越多的人想要加入数据科学领域，其中大部分人没有数据或计算机学科的经验——至少表面上看这两个学科都非常重要。每位数据科学家平均要接触上百万条交友数据、推文、在线访问数据以锻炼自己的能力。

然而，如果缺乏对基本理论知识的了解和编程实践，缺少对领域知识的尊重，你将面临着一个对非常规现象过度简化建模的风险。

假设你想建立自动化销售渠道，准备通过一个简单的程序从 LinkedIn 上寻找简历中有以下关键字的人：

```
keywords = ["Saas", "Sales", "Enterprise"]
```

很棒，你很快就可以从 LinkedIn 上找到能够匹配关键字的人。但是，如果某人用"Software as a Service"而不是"Saas"，或者"enterprise"拼写错误（错别字经常发生，我打赌你也可以从本书中发现错别字），你该如何找出他们呢？这些人不应该仅仅因为数据科学家想走捷径而被忽视。程序员仅仅用以上 3 个词简化搜索，将导致公司丧失潜在的商业机会。

在下一章，我们将研究不同类型的数据，从自由格式文本，到高度结构化的行列结构数据。我们还将讨论不同数据类型适用的数学操作符，以及从数据类型中可以洞察的信息。

第 2 章
数据的类型

在第 1 章，我们简单介绍了什么是数据科学和为什么这个领域如此重要。下面我们将介绍数据的类型，主要包括以下主题：

- 结构化数据（structured data）和非结构化数据（unstructured data）。

- 定量数据（quantitative data）和定性数据（qualitative data）。

- 数据的 4 个尺度。

我们将通过案例深入讨论每个主题，演示数据科学家如何观察和处理不同类型的数据。本章的目的是帮助你熟悉数据科学中的基本概念。

2.1 数据的"味道"

在数据科学领域，理解不同"味道"的数据非常重要。数据类型不仅决定了分析方法和可得出的结论，而且数据的结构化/非结构化、定量/定性属性也反映了现实世界中被测量对象的重要特征。

我们将研究以下 3 种最常见的分类方式：

- 结构化和非结构化（有时也称作有组织和无组织）。

- 定量和定性。

● 数据的 4 个尺度。

在学习本章内容之前，首先需要理解我们对**数据（data）**一词的使用。在上一章，我将数据宽泛地定义为"数据是信息的集合"。这样做的原因是宽泛的定义对于我们将数据分为不同类型是有必要的。

其次，当我们讨论数据类型时，既可能指数据集某个特征列的数据类型，也可能指整个数据集的数据类型。我将给出清晰的说明。

2.2　为什么要进行区分

和学习统计学、机器学习等有趣的内容比起来，学习数据类型好像没有什么价值。但毫不夸张地说，这是数据科学过程中最重要的步骤之一。

假设我们正在研究某个国家的选举结果。在人口数据集中有一列叫"种族"，为了节省存储空间，该列使用标识号代替种族信息。比如用数字 7 表示白人，用数字 2 代表亚裔美国人。如果分析师没有意识到 7 和 2 并不是传统意义上的数值，将在分析时犯下致命错误——根据 7 大于 2，得出白人"大于"亚裔美国人的荒谬结论。

这一道理同样适用于数据科学。每当我们拿到一个数据集，总是迫不及待地进行数据探索，运用统计学模型，或者测试各种机器学习的算法，总是希望快速得到答案。然而，如果我们不了解分析对象的数据类型，很可能花费了巨大精力却错误地使用了一个并不适合该数据类型的模型。

因此，我建议拿到新数据集后先用 1 小时左右（通常会更少）对数据类型进行区分。

2.3　结构化数据和非结构化数据

我们拿到数据集后，想知道的第一个答案是数据集是结构化，还是非结构化。这一步的答案将决定需要 3 天还是 3 周完成后续分析。

具体的判断方法如下（这是对第 1 章有组织和无组织数据定义的改写）。

- **结构化数据（organized data）**：指特征和观察值以表格形式存储（行列结构）。

- **非结构化数据（unorganized data）**：指数据以自由实体形式存在，不符合任何标准的组织层次结构，比如行列结构。

以下几个例子可以帮助你更好地理解两者的区别。

- 大部分文本格式数据都是非结构化数据，比如服务器日志、Facebook 帖子等。

- 科学家严格记录的科学实验观察值，以极其有序和结构化的格式存储，属于结构化数据。

- 化学核苷酸的基因序列（比如 ACGTATTGCA）是非结构化数据。虽然核苷酸有其独特的顺序，但我们暂时还不能以行列结构表示整体的顺序。

通常情况下，结构化数据最容易处理和分析。事实上，大部分统计学模型和机器学习模型都只适用于结构化数据，而不能很好地应用在非结构化数据中。

既然行列结构数据最适合人和机器的分析，为什么我们还要研究非结构化数据呢？因为它太常见了！根据预测，世界上 80%～90%的数据是非结构化数据，它们以各种形式存储在全球各地，是一个尚未被人类察觉的巨大数据源。

虽然数据科学家喜欢结构化数据，但也必须有能力处理日益庞大的非结构化数据。因为如果这个世界上 90%的数据都是非结构化数据，这意味着世界上 90%的信息都被揉捏在一个更难处理的格式中——推文、邮件、文献和服务器日志等。

既然大部分数据都是自由格式的非结构化数据，我们就需要使用一种叫"**预处理（preprocessing）**"的技术将其转化为结构化数据，以便做进一步的分析。下面我们将介绍把非结构化数据转换为结构化数据的常用方法。在下一章，我们将介绍数据预处理的更多细节。

案例：数据预处理

当我们处理文本数据（通常被认为是非结构化）时，有很多方法可以将其转化为结构化格式。比如，使用以下描述文本特征的数据：

- 字数/短语数。

- 特殊符号。

- 文本相对长度。

- 文本主题。

我将用以下推文作案例。当然，你也可以使用其他推文、Facebook 帖子等文本。

This Wednesday morn, are you early to rise? Then look East. The Crescent Moon joins Venus & Saturn. Afloat in the dawn skies.

有必要再重复一遍，对以上推文做数据预处理非常重要！因为大多数机器学习算法都需要**数值型数据**（**numerical data**）。

除此之外，通过数据预处理，我们还可以利用数据现有的特征生成新特征。比如，通过统计以上推文的字数或特殊符号生成的新特征。下面我们看看能从这段推文中提取哪些特征。

字数/短语数

我们可以通过字数或短语数对推文进行拆分。比如单词"this"在推文中出现了 1 次，以此类推。我们用结构化的格式表示这条推文，这样就把非结构化文本转换成行列格式，如表 2.1 所示。

表 2.1　　　　　　　　　　　　通过字数或短语数拆分推文

	this	Wednesday	morn	are	this Wednesday
文本计数	1	1	1	1	1

为了进行以上转换，我们使用了上一章介绍的 scikit-learn 模块中的 CountVectorizer 方法。

特殊符号

我们还可以统计是否含有特殊符号，比如问号和感叹号。这些符号通常隐含着某种看法，但很难被发现。事实上，问号在以上推文中出现了 1 次，这意味着该推文给读者提出了一个问题。我们可以在刚才的表格中添加一列，如表 2.2 所示。

表 2.2　　　　　　　　　　　　　　　添加特殊符号

	this	Wednesday	morn	are	this Wednesday	?
文本计数	1	1	1	1	1	1

文本相对长度

这条推文有 121 个字符。

```
len("This Wednesday morn, are you early to rise? Then look East. The
Crescent Moon joins Venus & Saturn. Afloat in the dawn skies.")
# get the length of this text (number of characters for a string)

# 121
```

分析师发现推文的平均长度是 30 个字符。所以，我们可以增加一个叫"相对长度"的新特征，用来表示这条推文的长度相对平均推文长度的倍数。简单计算可知，这条推文是平均推文长度的 4.03 倍。

$$\frac{121}{30} = 4.03$$

我们可以在刚才的表格中再新增一列，如表 2.3 所示。

表 2.3　　　　　　　　　　　　　　　添加相对长度

	this	Wednesday	morn	are	this Wednesday	?	相对长度
文本计数	1	1	1	1	1	1	4.03

文本主题

我们可以为推文添加相应主题，比如这条推文属于天文学，所以我们可以在刚才的表格中继续增加一列，如表 2.4 所示。

表 2.4　　　　　　　　　　　　　　　添加主题

	this	Wednesday	morn	are	this Wednesday	?	相对长度	主题
文本计数	1	1	1	1	1	1	4.03	天文学

以上我们展示了如何将一段文本转换为结构化、有组织的数据格式，以便进行数据探索和使用模型。

在 Python 中，计算推文长度和统计字数都非常简单，为文本分配主题则是唯一一个无法从原始文本中自动提取的新特征。幸运的是借助更先进的**主题模型**（**topic models**），我们能够从自然语言中提取和预测相关主题。

未来，快速识别数据集是结构化还是非结构化，将为你节省数小时甚至几天的工作时间。一旦你能够识别以上特征，下一步将是识别数据集中的每个独立特征。

2.4 定量数据和定性数据

当你问数据科学家"这个数据是什么类型？"时，他们通常假设你想知道的是定量数据还是定性数据，因为这是描述数据集特征最常用的一种方式。

大多数时候，当我们讨论定量数据时，通常指（并不总是）以行列结构存储的结构化数据集（因为我们假设非结构化数据没有任何特征）。这也是为什么数据预处理如此重要。

定量数据和定性数据的定义如下。

- **定量**（**quantitative**）**数据**：通常用数字表示，并支持包括加法在内的数学运算。

- **定性**（**qualitative**）**数据**：通常用自然类别和文字表示，不支持数字格式和数学运算。

2.4.1 案例：咖啡店数据

假设我们在分析一家坐落于某大城市的咖啡店数据，数据集有以下 5 个字段（特征）。

数据：咖啡店

- 咖啡店名称。

- 营业额（单位：千元）。

- 邮政编码。

- 平均每月客户数。

- 咖啡产地。

以上特征都可以被归类为定量数据或定性数据，这一简单的区分意义非常重大。下面我们逐个进行分析。

- **咖啡店名称：定性数据。**

咖啡店名称无法用数字表示，且咖啡店名称不能进行数学运算。

- **营业额：定量数据。**

咖啡店的营业额可以用数字表示，且营业额支持简单的数学运算。比如将 12 个月的营业额相加可得到 1 年的营业额。

- **邮政编码：定性数据。**

邮政编码有点复杂。虽然邮政编码通常用数字表示，但它是定性数据，因为邮政编码不符合定量数据的第二个要求——支持数学运算。两个邮政编码相加得到的是一个没有意义的数字，而不是一个新的邮政编码。

- **平均每月客户数：定量数据。**

该指标可以用数字表示，且支持简单的数学运算——将每个月的平均客户数相加可得到全年的客户数。

- **咖啡产地：定性数据。**

我们假设这是一家只使用单一咖啡产地咖啡的小型咖啡馆，咖啡产地用国家名字（如埃塞俄比亚、哥伦比亚）而非数字表示。

两个重要提醒：

- 虽然邮政编码通常用数字表示，但它并不是定量数据，因为对邮政编码求和或求平均值，得到的结果没有任何意义。

- 大部分情况下，当字段值为文本时，该字段都是定性数据。

如果你在区分数据类型时遇到困难，那么在下决定之前，可以先问自己几个简单的问题。

- 该字段可以用数字表示吗？
    - 如果不可以，该字段是**定性数据**。
    - 如果可以，进入下一个问题。
- 将该字段的多个值相加，得到的新数字有意义吗？
    - 如果没有意义，该字段是**定性数据**。
    - 如果有意义，该字段是**定量数据**。

这个方法应该可以帮助你区分大部分数据的定量/定性属性。

字段的定量/定性属性，决定了该列可以进行哪些分析。对于定量数据列，可以分析的内容有：

- 字段平均值是多少？
- 随着时间推移，字段值是增加还是下降？
- 是否存在某个阈值，当字段值超过或低于该值时，表示公司在某方面出现了异常。

对于定性数据列，可以分析的内容有：

- 高频值和低频值分别是什么？
- 字段有多少非重复值？
- 非重复值分别代表什么？

2.4.2　案例：世界酒精消费量

世界卫生组织发布了一个世界各国饮酒习惯的数据集。我们将使用 Python 和数据探索工具 Pandas 对该数据集进行分析。

```
import pandas as pd

# read in the CSV file
drinks = pd.read_csv('data/drinks.csv') ①

# examine the data's first five rows
drinks.head()
```

以上 3 行代码的作用是：

● 导入 Pandas 包，并缩写为 pd。

● 读取 CSV 文件，并命名为 drinks。

● 调用 head 方法，返回数据集的前 5 行。

 注意：CSV 文件传入的是整齐的行列结构数据，如图 2.1 所示。

	country/region	beer_servings	spirit_servings	wine_servings	total_litres_of_pure_alcohol	continent
0	Afghanistan	0	0	0	0.0	AS
1	Albania	89	132	54	4.9	EU
2	Algeria	25	0	14	0.7	AF
3	Andorra	245	138	312	12.4	EU
4	Angola	217	57	45	5.9	AF

图 2.1　行列结构数据

在本例中，我们有 6 列不同的数据。

● country/region：定性数据。

● beer_servings：定量数据。

● spirit_servings：定量数据。

● wine_servings：定量数据。

---

① 译者注：原书代码为 pd.read_csv('https://raw.githubusercontent.com/sinanuozdemir/principles_of_data_science/master/data/chapter_2/drinks.csv')，但由于该 url 地址无效，故替换为本地文件。

- total_litres_of_pure_alcohol：定量数据。

- continent：定性数据。

我们首先来看定性数据 continent 列。我们可以使用 Pandas 计算该定性特征列的基本汇总统计指标。此处使用 describe()方法，该方法首先判断字段的定性/定量属性，然后给出基本统计信息。如下所示：

```
drinks['continent'].describe()

>> count     193
>> unique      5
>> top        AF
>> freq       53
```

以上结果显示世界卫生组织收集的数据来自 5 个不同的洲，在 193 个观测值中，AF（非洲）最高频出现了 53 次。

如果我们在定量数据中使用同样的方法，将得到不同的结果：

```
drinks['beer_servings'].describe()

>> mean     106.160622
>> min        0.000000
>> max      376.000000
```

以上结果显示,这些国家和地区的人均啤酒消费量是 106.2 升,其中消费量最少是 0,最高的是 376 升。

2.4.3　更深入的研究

定量数据还可以继续细分为**离散型（discrete）数据**和**连续型（continuous）数据**。它们的定义如下。

- **离散型数据**：通常指计数类数据，取值只能是自然数或整数。

比如，掷骰子的点数属于离散型，因为骰子的点数只有 6 个值。咖啡馆的人数属于离散型，因为人数不能用无理数和负数表示。

- **连续型数据**：通常指测量类数据，取值为无限范围区间。

比如，体重可以是 68 千克，也可以是 89.66 千克，注意小数点，所以体重是连续型数据。人或建筑物的高度也属于连续型，因为取值可以是任意大小的小数。温度和时间同样属于连续型。

2.5 简单小结

目前为止，我们已经在本章介绍了结构化数据和非结构化数据的区别，以及定量和定性数据的特征。这些看似简单的区分，将对后续的分析产生重大影响。在进入本章下半部分之前，请允许我对以上内容做一个简单的总结。

数据既可以是结构化的，也可以是非结构化的。换言之，数据既可以是有组织的行列结构格式，也可以是在分析前必须进行预处理的自由格式。如果数据是结构化的，我们可以进一步分析数据集每一列的定量/定性属性。简单地说，分析该列是否是数字格式，是否支持数学运算。

在本章的下半部分，我们将研究数据的 4 个尺度。对于每一个尺度，我们将运用更加复杂的数学运算规则。作为回报，我们将对数据有更好的理解和直觉。

2.6 数据的 4 个尺度

通常情况下，结构化数据的每一列都可以被归为以下 4 个尺度中的一个。这 4 个尺度分别是：

（1）定类尺度（nominal level）。

（2）定序尺度（ordinal level）。

（3）定距尺度（interval level）。

（4）定比尺度（ratio level）。

随着尺度的深入，数据的结构化特征也将越来越多，也更有利于分析。每个尺度都有适用于自身的测量数据中心（the center of the data）的方法。比如，我们平时用来做数据中心的平均值，其实仅适用于特定尺度的数据。

2.6.1　定类尺度

第一个尺度是定类尺度，主要指名称或类别数据，如性别、国籍、种类和啤酒的酵母菌种类等。它们无法用数字表示，因此属于定性数据。以下是一些例子。

- 动物种类属于定类尺度，如大猩猩属于哺乳类动物。

- 演讲稿中的部分单词也属于定类尺度，如单词"she"既是代词，也是名词。

作为定性数据，定类尺度数据不能进行数学运算，如加法或除法，因为得到的结果是无意义的。

适用的数学运算

虽然定类尺度数据不支持基本的数学运算，但等式和集合隶属关系除外。如下所示。

- "成为科技创业者"等价于"从事科技行业"，反之则不成立；

- "正方形"等价于"长方形"，反之则不成立。

测度中心

测度中心（measure of center）是一个描述数据趋势的数值，有时也被称为**数据平衡点（balance point）**。常见的测度中心有平均值、中位数和众数。

定类尺度数据通常用**众数（mode）**作为测度中心。比如，对于世界卫生组织的酒精消费量数据，出现次数最多的州是 Africa，因此 Africa 可以作为 continent 列的测度中心。

由于定类尺度数据既不能排序，也无法相加，因此中位数和平均值不能作为它的测度中心。

定类尺度数据有何特征

定类尺度数据通常是用文字表示的自然分类数据。这类数据在翻译成各国文字时，可能会出现缺失，甚至有被拼写错误的情况。

　　然而，定类尺度数据却非常重要，我们必须仔细思考能够从中得到何种见解。仅仅依靠测度中心——模，我们无法得出观测对象平均值的任何结论。这很正常，因为平均值不适用于此类数据！从下一个尺度开始，我们才能对观测数据使用数学运算。

2.6.2　定序尺度

　　定类尺度数据无法按任何自然属性进行排序，这极大限制了定类尺度数据可使用的数学运算符。定序尺度数据则为我们提供了一个等级次序，换言之，提供了一个可以对观测值进行排序的方法。然而，它仍不支持计算两个观测值间的相对差异。也就是说，虽然我们能够对观测值进行排序，但观测值间相加或相减得到的结果仍然没有意义。

案例

　　李克特量表（Likert）是最常见的定序尺度数据。当我们用 1～10 填写满意度调查问卷时，生成的结果正是定序尺度数据。调查问卷答案必须介于 1～10，并可以被排序，比如 8 分比 7 分好，9 分比 3 分好。

　　然而，各个数字之间的差异并没有实际意义。比如 7 分和 6 分的差异是 1 分，2 分和 1 分的差异也是 1 分，但两个 1 分的含义却可能完全不同。

适用的数学运算

　　和定类尺度数据相比，定序尺度数据支持更多的数学运算。除了继承定类尺度的数学运算之外，还支持以下两种数学运算：

- 排序（ordering）。

- 比较（comparison）。

　　"排序"指数据本身具有的自然顺序，然而有些时候还需要一些技巧。比如对于可见光谱——红、橙、黄、绿、蓝、靛蓝和紫色，自然排序规则是随着光的能量和其他属性的增加，从左至右排序，如图 2.2 所示。

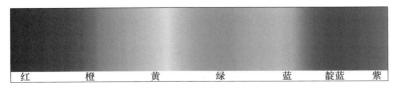

红　　　　橙　　　　黄　　　　绿　　　　蓝　　　靛蓝　　　紫

图 2.2　自然排序规则

然而，艺术家如果有特殊需求，还可以用另一种排序规则，比如基于颜料用量对上述颜色进行排序。虽然新的排序规则会改变颜色顺序，但比排序规则本身更重要的是保持排序规则的一致性。

"比较"是定序尺度数据支持的另一个新运算符。对于定类尺度数据，度量值间的比较没有意义，比如一个国家"天然"比另一个国家好，演讲中某一段"天然"比另一段糟糕。但是对于定序数据，我们则可以对度量值进行比较，比如调查问卷中的 7 分比 1 分好。

测度中心

定序尺度通常用**中位数（median）**，而不是**平均值（mean/average）**表示测度中心，因为定序尺度数据不支持除法。当然，我们也可以使用定类尺度中介绍的模作为测度中心。

下面我们通过一个例子介绍中位数的用法。

假设你刚刚完成一份关于员工满意度的调查问卷，问题是"用 1～5 分为你当前的工作幸福程度打分"，以下是调研结果：

```
5, 4, 3, 4, 5, 3, 2, 5, 3, 2, 1, 4, 5, 3, 4, 4, 5, 4, 2, 1, 4, 5, 4,
3, 2, 4, 4, 5, 4, 3, 2, 1
```

下面使用 Python 计算以上数据的中位数。很多人认为平均值也可以作为测度中心，这是不正确的，因为两个变量相减或相加得到的值无任何意义，比如 4 分减去 2 分，差异的 2 分没有任何意义，所以数学运算得出的平均值也没有任何意义。

```
import numpy

results = [5, 4, 3, 4, 5, 3, 2, 5, 3, 2, 1, 4, 5, 3, 4, 4, 5, 4, 2, 1,
4, 5, 4, 3, 2, 4, 4, 5, 4, 3, 2, 1]
```

```
sorted_results = sorted(results)
print sorted_results
'''
[1, 1, 1, 2, 2, 2, 2, 2, 3, 3, 3, 3, 3, 3, 4, 4, 4, 4, 4, 4, 4, 4, 4,
4, 4, 5, 5, 5, 5, 5, 5, 5]
'''
print numpy.mean(results) # == 3.4375
print numpy.median(results) # == 4.0
```

不难发现，中位数 4.0 作为测度中心不仅是合理的，也让调查问卷结果变得更加直观。

简单回顾

目前为止，我们已经讨论了一半的数据尺度。

● 定类尺度。

● 定序尺度。

在定类尺度中，我们处理的对象通常是无序的、不支持数学运算的文本（有时候也有数字）。在定序尺度中，我们处理的对象通常是有自然顺序的、支持排序的文本或数字。

请区分下面几个例子的定类尺度和定序尺度类型。

● 咖啡豆的种类。

● 运动员在竞走比赛中的名次

● 制作奖牌的金属材料。

● 客户的电话号码。

● 你每天喝多少杯咖啡？

2.6.3 定距尺度

终于到了更有意思的定距尺度。对于定距尺度数据，我们可以用均值和其他更复杂的数学公式描述数据。这是定类尺度和定距尺度最大的差异，也是唯一的差异。

定距尺度数据可以进行有意义的减法运算。

案例

温度是最常见的定距尺度数据。假设得克萨斯的温度是 37.78℃，土耳其伊斯坦布尔的温度是 26.67℃，那么得克萨斯比伊斯坦布尔高 11.11℃。相对于调查问卷案例，这个例子允许的数学运算显然更多。

另外，虽然调查问卷数据看起来好像也属于定距尺度数据（因为使用 1～5 表示满意度），但是请牢记，两个分数的差没有任何意义！正因为如此，调查问卷数据才不属于定距尺度。

适用的数学运算

我们可以使用低一级尺度的所有运算符（排序、比较等），以及下面两个新运算符：

- 加法。
- 减法。

通过以上两个新运算符，我们可以用全新的视角观察数据。

测度中心

对于定距尺度数据，我们依然可以用中位数和模来表示数据的测度中心，但更加准确的方法是用**算术平均值（arithmetic mean）**，通常简称为"均值（mean）"。回想一下均值的定义，均值要求我们对所有的观测值求和。由于定类和定序尺度数据不支持加法运算，因此均值对这两个尺度没有意义。只有定距尺度及以上尺度的数据，均值才有意义。

下面我们通过一个例子介绍均值的用法。

假设某冰箱保存着制药公司的疫苗，以下是该冰箱每小时的温度值（华氏度）：

```
31, 32, 32, 31, 28, 29, 31, 38, 32, 31, 30, 29, 30, 31, 26
```

继续用 Python 计算以上数据的均值和中位数。

```
import numpy
```

```
temps = [31, 32, 32, 31, 28, 29, 31, 38, 32, 31, 30, 29, 30, 31, 26]
print numpy.mean(temps)      # == 30.73
print numpy.median(temps)    # == 31.0
```

中位数和平均值非常接近，都在 31℉（−0.56℃）左右。然而疫苗的存放标准要求是：

请勿将疫苗置于 29℉（−1.67℃）之下！

我们注意到冰箱温度有两次低于 29℉（−1.67℃），但你认为这不足以对疫苗产生不利影响。下面我们使用**变差测度（measure of variation）**判断冰箱状态是否正常。

变差测度

变差测度是之前没有出现过的内容。我们知道测度中心的重要性，但在数据科学中，了解数据分布的广度也同样重要，描述这一现象的度量叫作变差测度。你可能听说过**标准差（standard deviation）**，并且直到现在还处于统计学课程给你造成的轻微创伤后精神压力症（PTSD）。但由于变差测度的概念太重要了，所以有必要对它进行简单说明。

变差测度（比如标准差）是一个描述数据分散程度的数字。变差测度和测度中心是描述数据集最重要的两个数字。

标准差

标准差是定距尺度和更高尺度数据中应用最为广泛的变差测度。标准差可以被理解为"数据点到均值点的平均距离"。虽然这一描述在技术上和数学定义上都不严谨，但却有助于我们理解标准差的含义。计算标准差的公式可以被拆分为以下步骤：

（1）计算数据的均值；

（2）计算数据集中的每一个值和均值的差，并将其平方；

（3）计算第（2）步的平均值，得到方差；

（4）对第（3）步得到的值开平方，得到标准差。

注意，以上每一步计算的均值都是算术平均值。

以温度数据集为例，我们使用 Python 计算数据集的标准差。

```
import numpy

temps = [31, 32, 32, 31, 28, 29, 31, 38, 32, 31, 30, 29, 30, 31, 26]

mean = numpy.mean(temps) # == 30.73

squared_differences = []
# empty list o squared differences

for temperature in temps:
    difference = temperature - mean
# how far is the point from the mean

    squared_difference = difference**2
    # square the difference

    squared_differences.append(squared_difference)
    # add it to our list

    average_squared_difference = numpy.mean(squared_differences)
    # This number is also called the "Variance"


standard_deviation = numpy.sqrt(average_squared_difference)
# We did it!


print standard_deviation # == 2.5157
```

通过以上代码，我们计算出数据集的标准差是 2.5 左右。这意味着平均来看，每一个数据点和平均温度 31℉（−0.56℃）之间的距离是 2.5℉（相当于 1.38℃）。因此，冰箱温度在未来将下降至 29℉（−1.67℃）以下。

计算标准差时，没有直接使用数据点和平均值的差，而是将差值平方后使用。这样做是为了突出离群值（outliers）——那些明显远离平均值的数据点。

变差度量非常清晰地描述了数据的离散程度。当我们需要关心数据范围和波动情况时，这一指标显得尤为重要。

定距尺度和下一尺度之间的区别并不是十分明显。定距尺度数据没有自然的起始点或者自然的零点。比如，零摄氏度并不意味着没有温度。

2.6.4　定比尺度

我们终于开始讨论定比尺度。定比尺度支持的数学运算在 4 个尺度中最全面和强大。除了之前提到的排序和减法之外，定比尺度支持使用乘法和除法。听起来仿佛没必要小题大做，但这却彻底改变了我们观察此类数据的方法。

案例

由于华氏度（Fahrenheit）和摄氏度（Celsius）缺少自然零点，因此属于定距尺度。开氏温标（Kelvin）却自豪地拥有自然零点。开氏温标为 0 时意味着没有任何热量，不随人为因素改变，我们可以有科学依据地说 200 开氏温度是 100 开氏温度的两倍。

银行账户金额也是定比尺度。"银行账户金额为零"和"2 万美元是 1 万美元的两倍"这两种说法都是成立的。

一些人认为华氏度和摄氏度同样有自然零点，原因是开氏温标可以转换为华氏度和摄氏度。然而，由于转换后的华氏度和摄氏度会出现负数，所以并不存在自然零点。

测度中心

算术平均值对定比尺度仍然有效，同时还增加一种叫**几何平均值（geometric mean）**的新均值类型。后者在定比类型中并不经常使用，但仍然值得提及，它是指 n 个观察值连乘积的 n 次方根。

比如，对于冰箱温度数据，我们可以通过以下方式计算几何平均值：

```
import numpy
```

```
temps = [31, 32, 32, 31, 28, 29, 31, 38, 32, 31, 30, 29, 30, 31, 26]

num_items = len(temps)
product = 1.

for temperature in temps:
    product *= temperature

geometric_mean = product**(1./num_items)

print geometric_mean # == 30.634
```

几何平均值非常接近之前计算的算术平均值和中位数。但是请记住，这种情况并不经常发生。我们会在后面的统计学章节中用更多篇幅做出解释。

定比尺度的几个问题

虽然定比尺度新增了很多数学运算符，但由于存在一个重要前提，导致定比尺度的适用范围受到限制。这个基本前提是：

 定比尺度数据通常是非负数（non-negative）。

试想如果我们允许负数的存在，那么一些比率很可能丧失含义。比如在银行账户案例中，假设允许账户金额为负数，那么以下比率将不具有任何意义：

$$\frac{\$50\,000}{-\$50\,000} = -1$$

2.7　数据是旁观者的眼睛

我们可以人为地改变数据结构。比如，虽然理论上不能计算定序尺度数据 1～5 的平均值，但这并不能妨碍一些统计学家用它观察数据集。

数据归属的层次必须在开始分析之前确定好。如果用算术平均值和标准差等工具分析定序数据，作为数据科学家，你就必须意识到潜在的风险。因为如果继续把这个错误的假设作为分析的基础依据，就将遇到很多问题。比如，错误的假设定序数据具有整除性。

2.8 总结

正确理解数据类型是数据科学最重要的组成部分。这一步必须在数据分析开始之前进行，因为数据类型决定了可使用的分析方法。

任何时候拿到一个新的数据集，你需要首先回答的 3 个问题是：

- 数据是有组织格式，还是无组织格式？

比如，数据是否以行列结构存储？

- 每一列是定量数据，还是定性数据？

比如，数据是数字格式还是文本格式，它们代表数量吗？

- 每一列属于什么尺度？

比如，数据是定类、定序、定距还是定比尺度？

以上问题的答案不仅影响着你对数据的理解，还将决定下一步的分析步骤。它们决定了可以使用的图形类型，以及如何使用数据模型。有时候，为了得到更多的信息，我们必须将数据由一种类型转换为另一种类型。在接下来的章节，我们将学习如何处理和分析不同类型的数据。

本书结束时，你将不仅熟悉各个尺度的数据，还将掌握如何处理和分析各个尺度的数据。

第 3 章
数据科学的 5 个步骤

我们在上一章介绍了数据的类型，以及处理不同类型数据的方法，为进一步学习数据科学做好了准备。本章，我们将重点介绍数据科学的第三步——**探索数据（data exploration）**。我们将使用 Python 的 Pandas 和 Matplotlib 包探索不同的数据集。

3.1 数据科学简介

很多人问我数据科学（data science）和数据分析（data analytic）的最大区别是什么。有的人认为两者没有区别，有的人则认为两者千差万别。我认为，尽管两者确实存在很多不同之处，但最大的不同在于**数据科学严格遵循结构化、一步一步的操作过程，保证了分析结果的可靠性。**

和其他科学研究一样，这些过程必须被严格执行，否则分析结果将不可靠。再直白一点，对于外行的数据科学家，严格遵循这些过程将能够快速获得准确结果。反之，如果没有清晰的路线图，则分析结果很难得到保证。

虽然这些步骤更多是写给业余分析师的指引，但它们同样是数据科学家，甚至更严格的商业分析和学术分析的基础。每一位数据科学家都理解这些步骤的重要意义，会在实践过程中严格遵守它们。

3.2　5个步骤概览

数据科学的 5 个必备步骤分别是：

（1）提出有意思的问题；

（2）获取数据；

（3）探索数据；

（4）数据建模；

（5）可视化和分享结果。

首先，我们从宏观上了解以上 5 个步骤。

3.2.1　提出有意思的问题

这是我最喜欢的一步。作为一个创业者，我经常问自己（和他人）很多有意思的问题。我像对待头脑风暴会议一样对待这一步。现在开始写下问题，不要关心回答这些问题所需的数据是否存在。这样做的原因有两个。第一，你不会希望在没有找到数据之前，就被自己的偏见影响。第二，获取数据可能涉及公开渠道和私有渠道，因此不会轻松和显而易见。

你可能想到一个问题，然后自言自语说："我打赌没有这样的数据可以帮到我们！"然后就将它从问题列表中删除。千万不要这样做，把它留在你的问题列表中！

3.2.2　获取数据

一旦你确定了需要关注的问题，接下来就需要全力收集回答上述问题所需要的数据。正如之前所说，数据可能来自多个数据源，所以这一步非常具有挑战性。

3.2.3　探索数据

一旦得到数据，我们将使用第 2 章学习的知识，将数据归类到不同的数据类型。这是数据科学 5 个步骤中最关键的一步。当这一步骤完成时，分析师通常已经花费了数小时学习相关的领域知识，利用代码或其他工具处理和探索数据，对数据蕴含的价值有了更好的认识。

3.2.4　数据建模

这一步涉及统计学和机器学习模型的应用。我们不仅仅选择模型，还通过在模型中植入数学指标，对模型效果进行评价。

3.2.5　可视化和分享结果

毫无疑问，可视化和分享结果是最重要的一步。分析结果也许看起来非常明显和简单，但将其总结为他人易于理解的形式比看起来困难得多。我们将通过一些案例，演示糟糕的分享和改善后的效果。

本书将重点关注第（3）、（4）、（5）步。

为什么本书跳过了第（1）、（2）步？

虽然前两步对数据科学整个过程是非常必要的，但它们通常先于统计模型和程序处理。本书的后面章节将介绍不同的数据收集方法，在此之前，我们更加关注数据科学过程中"科学"的部分。所以，我们先从探索数据开始。

3.3　探索数据

数据探索的过程并不简单。它涉及识别数据类型、转换数据类型、使用代码系统性提高数据质量为模型做准备的能力。为了更好地演示和讲解数据探索的艺术，我将使用 Python 的 Pandas 包，对几个不同的数据集进行探索。在此过程中，我们将看到多种数据处理技巧。

当我们接触新数据集时，有 5 个基本问题需要回答。请牢记，这些问题并不是数据科学的起点和终点，它们是我们面对新数据集时需要遵循的基本原则。

3.3.1　数据探索的基本问题

每当接触新数据集时，不论你是否熟悉它，在初次进行分析前回答以下问题都非常有必要。

● **数据是有组织格式的，还是无组织格式的？**

我们需要确认数据是否是行列结构。大部分情况下，我们处理的数据都是结构化数据。本书中，超过 90% 的例子都是结构化数据。尽管如此，在我们进行更深入的数据分析之前，还是要弄清楚这个最基本的问题。

根据经验，如果数据是无组织格式的，我们需要将其转换为有组织的行列结构。在本书前面的例子中，我们通过对文本中词语计数的方式将其转换为行列结构。

● **每一行代表什么？**

一旦我们弄清楚了数据的组织形式，得到了行列结构的数据集，接下来就需要弄清楚每一行代表的意思。这一步通常不需要花费多少时间，却大有裨益。

● **每一列代表什么？**

我们需要识别每一列的数据层次、定性/定量属性等。分类结果可能随着分析的不断深入而改变，但越早开始这一步越好。

● **是否有缺失值？**

数据并不完美。很多时候，人工或机械的错误将导致数据缺失。当这种错误发生时，作为数据科学家，我们需要决定如何处理这些错误。

● **是否需要对某些列进行数据转换？**

我们可能需要对某些列进行数据转换，当然，这取决于该列的数据层次和定性/定量属性。比如，为了使用统计模型和机器学习模型，数据集中的每一列都需要是数值型的。我们可以使用 Python 对数据集进行转换。

自始至终，我们的核心问题是：**我们能从前期的推理统计中得到哪些信息？我们希**

望对数据的理解比初次接触时更深。

好了，我们已经介绍了很多内容，下面看一些具体的例子。

3.3.2　数据集 1：Yelp 点评数据

我们使用的第 1 个数据集来自点评网站 Yelp 的公开数据，数据集中所有的身份识别信息已经被删除。首先读取数据，如下所示。

```
import pandas as pd

yelp_raw_data = pd.read_csv("yelp.csv")

yelp_raw_data.head()
```

上述代码的作用是：

- 导入 Pandas 包，并缩写为 pd。

- 读取文件 yelp.csv，并命名为 yelp_raw_data。

- 查看数据的表头（仅前几行），如图 3.1 所示。

	business_id	date	review_id	stars	text	type	user_id	cool	useful	funny
0	9yKzy9PApeiPPOUJEtnvkg	2011-01-26	fWKvX83p0-ka4JS3dc6E5A	5	My wife took me here on my birthday for breakf...	review	rLtI8ZkDX5vH5nAx9C3q5Q	2	5	0
1	ZRJwVLyzEJq1VAihDhYiow	2011-07-27	IjZ33sJrzXqU-0X6U8NwyA	5	I have no idea why some people give bad review...	review	0a2KyEL0d3Yb1V6aivbIuQ	0	0	0
2	6oRAC4uyJCsJl1X0WZpVSA	2012-06-14	IESLBzqUCLdSzSqm0eCSxQ	4	love the gyro plate. Rice is so good and I als...	review	0hT2KtfLiobPvh6cDC8JQg	0	1	0
3	_1QQZuf4zZOyFCvXc0o6Vg	2010-05-27	G-WvGaISbqqaMHlNnByodA	5	Rosie, Dakota, and I LOVE Chaparral Dog Park!!...	review	uZetl9T0NcROGOyFfughhg	1	2	0
4	6ozycU1RpktNG2-1BroVtw	2012-01-05	1uJFq2r5QfJG_6ExMRCaGw	5	General Manager Scott Petello is a good egg!!!...	review	vYmM4KTsC8ZfQBg-j5MWkw	0	0	0

图 3.1　数据的表头

问题 1：数据是有组织格式的，还是无组织格式的？

- 数据源是非常好的行列结构，我们可以认为它是有组织格式的。

问题 2：每一行代表什么？

● 很明显，每一行代表一条用户的评价。我们还会查看每一行和每一列的数据类型。我们使用 DataFrame 的 shape 方法查看数据集的大小，如下所示。

```
yelp_raw_data.shape
```

```
# (10000, 10)
```

● 结果显示，数据集有 10 000 行和 10 列。换言之，数据集有 10 000 个观测值和 10 个观测特征。

问题 3：每一列代表什么？

请注意，数据集有 10 列。

● business_id：本列看起来是每条评价对应的交易的唯一识别码。本列是定类尺度，因为识别码没有天然的顺序。

● date：本列是每条评价的提交日期。请注意，它只精确到了年、月和日。虽然时间通常被认为是连续数据，但本列应该被视为离散数据。本列属于定序尺度，因为日期有天然的顺序。

● review_id：本列看起来是每条评价的唯一识别码。本列同样属于定类尺度，因为识别码没有天然的顺序。

● stars：本列看起来（别担心，我们随后会对它进行深入的分析）是评价者给每一个餐馆的最终评分。本列是有次序的定性数据，因此属于定序尺度。

● text：本列看起来是用户撰写的评价。对于大部分文本数据，我们将其归为定类尺度。

● type：本列前 5 行均为 "review"，我们猜测它是标记每行是否为 "review" 的列，也就是说很可能存在不是 "review" 的行。我们随后将进行更深入的分析。本列属于定类尺度。

● user_id：本列是每个提交评价的用户的唯一识别码。和其他唯一识别码一样，本列也属于定类尺度。

 当我们区分了所有列的定序尺度和定类尺度类型后，还需要继续回答以下两个问题。这两个问题很常见，值得提醒。

问题 4：是否有缺失值？

● 使用 isnull 方法判断是否有缺失值。比如，对于名为 awesome_dataframe 的 DataFrame 数据集，使用 Python 代码 awesome_dataframe.isnull().sum()可显示每一列的缺失值总数。

问题 5：是否需要对某些列进行数据转换？

● 我们想知道是否需要改变定量数据的数值范围，或者是否需要为定性数据创建**哑变量（dummy variables）**？由于本数据集只有定性数据，所以我们将焦点放在定序和定类范围。

在进行数据探索之前，我们先对 Python 数据分析包 Pandas 的术语做一个简单了解。

DataFrame

当我们读取数据集时，Pandas 将创建一个名为 DataFrame 类型的对象。你可以将它想象成 Python 版本的电子表格（但是更好用）。在本例中，变量 yelp_raw_data 就是一个 DataFrame。

我们使用以下代码验证以上说法。

```
type(yelp_raw_data)

# pandas.core.frame.Dataframe
```

DataFrame 本质上是一种二维结构，它和电子表格一样以行列结构存储数据。但是相对于电子表格，DataFrame 最重要的优点是它可以处理的数据量远超大多数电子表格。如果你熟悉 R 语言，可能认识 DataFrame 这个词，因为 Python 中的 DataFrame 正是从 R 语言借过来的！

由于我们处理的大部分数据都是有组织数据，所以 DataFrame 是 Pandas 中使用频率仅次于 Series 的对象。

Series

Series 是简化版的 DataFrame，它只有一个维度。Series 本质上是由数据点组成的列表。DataFrame 的每一列都可以被看作一个 Series 对象。下面用代码进行验证。我们首先从 DataFrame 中抽取单独一列（通常用中括号），代码如下：

```
yelp_raw_data['business_id']  # grab a single column of the Dataframe
```

我们列出其中几行。

```
0    9yKzy9PApeiPPOUJEtnvkg
1    ZRJwVLyzEJq1VAihDhYiow
2    6oRAC4uyJCsJl1X0WZpVSA
3    _1QQZuf4zZOyFCvXc0o6Vg
4    6ozycU1RpktNG2-1BroVtw
5    -yxfBYGB6SEqszmxJxd97A
6    zp713qNhx8d9KCJJnrw1xA
```

接下来使用 type 函数检查该列是否是 Series 类型。

```
type(yelp_raw_data['business_id'])

# pandas.core.series.Series
```

定性数据的探索技巧

下面我们使用以上两个 Pandas 数据类型开始数据探索！对于定性数据，我们主要关注定类尺度和定序尺度。

定类尺度列

对于定类尺度列，列名描述了该列的含义，数据类型是定性数据。在 Yelp 数据集中，定类尺度列有 business_id、review_id、text、type 和 user_id。我们使用 Pandas 进行更深入的分析，如下所示：

```
yelp_raw_data['business_id'].describe()

# count     10000
# unique     4174
```

```
# top              JokKtdXU7zXHcr20Lrk29A
# freq                                 37
```

describe 函数用于输出指定列的快速统计信息。请注意，Pandas 自动识别出 business_id 列为定性数据，所以给出的快速统计是有意义的。实际上，当 describe 函数作用于定性数据时，我们将得到以下 4 个统计信息。

- count：该列含有多少个值。

- unique：该列含有多少个非重复值。

- top：该列出现次数最多的值。

- freq：该列出现次数最多的值的次数。

对于定类尺度数据，我们通常观察以下几个特征，以决定是否需要进行数据转换。

- 非重复项的个数是否合理（通常小于 20 个）？

- 该列是自由文本吗？

- 该列所有的行都不重复吗？

我们已经知道 business_id 列有 10 000 个值，但千万别被骗了！这并不意味着真的有 10 000 条交易评价，它仅仅意味着 business_id 列被填充了 10 000 次。统计指标 unique 显示数据集有 4 174 个不重复的餐馆，其中被评价次数最多的餐馆是 JokKtdXU7zXHcr20Lrk29A，总评价次数是 37 次。

```
yelp_raw_data['review_id'].describe()

# count                            10000
# unique                           10000
# top       eTa5KD-LTgQv6UT1Zmijmw
# freq                                 1
```

count 和 unique 值均为 10 000。请你思考几秒，这个结果合理吗？请结合每一行和每一列代表的意思。

（插入《Jeopardy》的主题曲。）

……

当然是合理的！因为该列是每条评价的唯一识别码，每一行代表独立的、不重复的点评，所以 review_id 列含有 10 000 个不重复值是合理的。但为什么 eTa5KD-LTgQv6UT1 Zmijmw 是出现次数最多的值呢？它只是从 10 000 个值中随机选择的结果。

```
yelp_raw_data['text'].describe()
```

```
count                                               10000
unique                                               9998
top        This review is for the chain in general. The l...
freq                                                    2
```

text 列有点意思，它是用户撰写的评价。理论上，我们认为它和 review_id 列一样是不重复的文本，因为如果两个不同的人撰写的评价完全一致会非常诡异。但是，数据集中恰恰有两条评价完全一样！下面让我们花点时间学习一下 DataFrame 的数据筛选功能，然后再研究这一奇怪现象。

Pandas 中的筛选

我们先从**筛选（filtering）**的机制说起。在 Pandas 中，基于特定条件对行进行筛选非常简单。对于 DataFrame 对象，如果想依据某些筛选条件对行进行过滤，只需一行一行检查该行是否满足特定条件即可，同时 Pandas 将判断结果（真或假）存在一个 Series 对象中。

真和假的判断依据如下。

● 真：该行满足条件；

● 假：该行不满足条件。

所以，我们首先需要设定一个条件。下面从数据集中提取出现两次的文本：

```
duplicate_text = yelp_raw_data['text'].describe()['top']
```

以下是重复的文本：

```
"This review is for the chain in general. The location we went to is
new so it isn't in Yelp yet. Once it is I will put this review there
as well……."
```

我们马上发现这可能是同一个人给隶属于同一家连锁餐馆的两家店撰写的两条完全相同的评价。但是，在没有进一步证据之前，这仅仅是猜测。

duplicate_text 变量是文本类型。

我们已经找出了重复文本，下面来创建判断真或假的 Series 对象。

```
text_is_the_duplicate = yelp_raw_data['text'] == duplicate_text
```

上面的代码将数据集中的 text 列和重复文本 duplicate_text 进行比较。这看起来有点不可思议，因为将含有 10 000 个元素的列表和 1 条文本做比较，对比结果应该是假，不是吗？

事实上，这是 Series 对象一个非常有意思的功能。当我们将 Series 对象和另一个对象做比较时，相当于将 Series 中每个元素和该对象做比较，返回的结果是一个和 Series 对象长度相同的新 Series 对象。非常便捷！

```
type(text_is_the_duplicate) # it is a Series of Trues and Falses

text_is_the_duplicate.head() # shows a few Falses out of the Series
```

在 Python 中，我们可以像对 1 和 0 一样，对真和假进行相加或相减。比如，真+假-真+假+真==1。所以，我们可以通过将 Series 对象的值相加来验证其是否正确。由于只有两行文本重复，所以 Series 对象合计值应为 2，如下所示：

```
sum(text_is_the_duplicate) # == 2
```

现在，我们已经有了布尔型 Series 对象，我们可以用括号将它传入 DataFrame 数据集中，得到筛选后的结果，如图 3.2 所示。

```
filtered_dataframe = yelp_raw_data[text_is_the_duplicate]
# the filtered Dataframe

filtered_dataframe
```

	business_id	date	review_id	stars	text	type	user_id	cool	useful	funny
4372	jvvh4Q00Hq2XyIcfmAAT2A	2012-06-16	ivGRamFF3KurE9bjkl6uMw	2	This review is for the chain in general. The l...	review	KLekdmo4FdNnP0huUhzZNw	0	0	0
9680	rlonUa02zMz_ki8eF-Adug	2012-06-16	mutQE6UfjLIpJ8Wozpq5UA	2	This review is for the chain in general. The l...	review	KLekdmo4FdNnP0huUhzZNw	0	0	0

图 3.2　筛选后的结果

看起来我们之前的猜测是对的：某人在同一天，给同一连锁品牌的两家餐馆，撰写了相同的评语。我们接着分析其他列：

```
yelp_raw_data['type'].describe()
```

```
count        10000
unique           1
top         review
freq         10000
```

还记得这一列吗？统计显示该列的列值只有一个：review。

```
yelp_raw_data['user_id'].describe()
count                          10000
unique                          6403
top         fczQCSmaWF78toLEmb0Zsw
freq                              38
```

和 business_id 类似，数据集由 6 403 个用户的评价组成，其中评价次数最多的用户评价了 38 次！

在本例中，我们无须进行数据转换。

定序尺度列

只有 date 和 stars 列属于定序尺度。我们先看看 describe 方法返回哪些信息。

```
yelp_raw_data['stars'].describe()
# count    10000.000000
# mean         3.777500
# std          1.214636
# min          1.000000
# 25%          3.000000
# 50%          4.000000
# 75%          5.000000
# max          5.000000
```

虽然该列是定序尺度，但 describe 方法将其看作定量数据，并返回相应的统计信息。这是因为软件识别到一串数值后，以为我们希望查看平均值、最小值和最大值，这是正确的。我们接着使用 value_counts 方法查看字段值的分布情况，如下所示：

```
yelp_raw_data['stars'].value_counts()
```

```
# 4      3526
# 5      3337
# 3      1461
# 2       927
# 1       749
```

value_counts 方法用于统计指定列字段值的分布。在本例中，4 星评价的出现频率最高，共有 3 526 次，其次是 5 星评价 3 337 次。我们将用以上数据做一个漂亮的图形。首先按照星级排序，再使用内置的 plot 方法制作条形图，如图 3.3 所示。

```
dates = yelp_raw_data['stars'].value_counts()
dates.sort()
dates.plot(kind='bar')
```

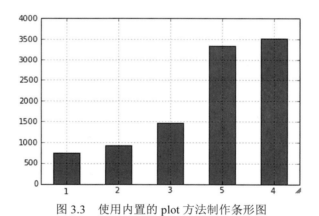

图 3.3　使用内置的 plot 方法制作条形图

看起来人们更喜欢给好评，而不是差评！我们可以用同样的方式查看 date 列，这个工作将留给你们自己尝试。下面，我们再看一个新的数据集。

3.3.3　数据集 2：泰坦尼克

泰坦尼克数据集是一个包含 1912 年泰坦尼克号撞上冰山时乘客信息的样本数据。我们首先导入数据集，如图 3.4 所示。

```
titanic = pd.read_csv('short_titanic.csv')
titanic.head()
```

	Survived	Pclass	Name	Sex	Age
0	0	3	Braund, Mr. Owen Harris	male	22
1	1	1	Cumings, Mrs. John Bradley (Florence Briggs Th...	female	38
2	1	3	Heikkinen, Miss. Laina	female	26
3	1	1	Futrelle, Mrs. Jacques Heath (Lily May Peel)	female	35
4	0	3	Allen, Mr. William Henry	male	35

图 3.4 导入泰坦尼克数据集

数据集包含很多列，但在本例中，我们仅关注图中显示的列。

显然，泰坦尼克数据集和大部分电子表格一样是有组织的行列结构。下面我们快速查看它的大小：

```
titanic.shape

# (891, 5)
```

数据集有 891 行和 5 列，每一行代表一名乘客，每一列的含义如下。

- Survived：这是一个**二元变量（binary variable）**，表示乘客是否在灾难中幸存，1 表示幸存，0 表示罹难。该字段为定类尺度，因为字段值仅有两个。

- Pclass：这是乘客的舱位等级，3 表示三等舱，以此类推。该字段为定序尺度。

- Name：这是乘客的姓名。该字段毫无疑问是定类尺度。

- Sex：这是乘客的性别，定类尺度。

- Age：这个字段有些特殊。理论上，年龄既可以是定性数据，也可以是定量数据，然而，我认为年龄应该具有定量的特征，因此它属于定比尺度。

通常情况下，数据转换是指忽略被转化列的定性特征，将其转为数值型。对于泰坦尼克数据集，我们需要将 Name 列和 Sex 列转换为数值型。对于 Sex 列，我们可以用 1 表示女性，0 表示男性。下面使用 Pandas 进行数据转换。我们导入一个叫 Numpy 的 Python 模块，如下所示：

```
import numpy as np
titanic['Sex'] = np.where(titanic['Sex']=='female', 1, 0)
```

np.where 方法有 3 个参数：

- 第 1 个是布尔型判断（真或假）；

- 第 2 个是新值；

- 第 3 个备选值。

当第一个参数值为真时，用新值（本例中的 1）替换原值，否则用备选值（本例中的 0）替换原值，最终生成一个和原 Sex 列表示相同含义的数值列。

```
titanic['Sex']

# 0      0
# 1      1
# 2      1
# 3      1
# 4      0
# 5      0
# 6      0
# 7      0
```

下面快速查看所有列的信息，如图 3.5 所示。

```
titanic.describe()
```

Sex 列已经被作为定量数据对待。然而，我注意到其他一些和数据类型无关的问题。

Survived、Pclass 和 Sex 列分别有 891 个值（891 行），但 Age 列仅有 714 个值，说明 Age 列有缺失值！为了做进一步验证，我们使用 Pandas 的 isnull 和 sum 函数，如下所示：

```
titanic.isnull().sum()

Survived      0
Pclass        0
Name          0
Sex           0
Age         177
```

	Survived	Pclass	Sex	Age
count	891.000000	891.000000	891.000000	714.000000
mean	0.383838	2.308642	0.352413	29.699118
std	0.486592	0.836071	0.477990	14.526497
min	0.000000	1.000000	0.000000	0.420000
25%	0.000000	2.000000	0.000000	20.125000
50%	0.000000	3.000000	0.000000	28.000000
75%	1.000000	3.000000	1.000000	38.000000
max	1.000000	3.000000	1.000000	80.000000

图 3.5　快速查看所有列的信息

以上结果是每一列缺失值的数量。Age 列是唯一需要解决缺失值问题的列。

当我们面对缺失值时，通常有两个选择：

● 删除含有缺失值的行；

● 尝试填充数据。

删除行是最简单的选择，但你面临着丢失有价值数据的风险。例如，在本例中，我们有 177 行缺失年龄信息，数量接近全部 891 行数据的 20%。为了填充数据，我们要么查阅历史资料，找出每一个乘客的真实年龄，要么用占位符进行填充。

下面我们用数据集中所有乘客的平均年龄填充缺失值，用到的两个新方法分别是 mean 和 fillna。我们用 isnull 找出缺失值，用 mean 计算 Age 列的平均值，再通过 fillna 方法用新值替换所有的缺失值。

```
print sum(titanic['Age'].isnull()) # == 177 missing values

average_age = titanic['Age'].mean() # get the average age

titanic['Age'].fillna(average_age, inplace = True) #use the fillna
method to remove null values

print sum(titanic['Age'].isnull()) # == 0 missing values
```

完成啦！我们已经用平均年龄 29.69 替换了所有的缺失值。

```
titanic.isnull().sum()

Survived     0
Pclass       0
Name         0
Sex          0
Age          0
```

非常棒！我们在没有删除任何行的情况下，解决了缺失值问题，如图 3.6 所示。

```
titanic.head()
```

有了以上数据集，我们就可以回答更复杂的问题。比如，男性或女性的平均年龄分别是多少？我们可以先按性别进行筛选，再计算平均值。Pandas 由内置函数做这件事情，叫做 groupby，用法如下：

	Survived	Pclass	Name	Sex	Age
0	0	3	Braund, Mr. Owen Harris	0	22
1	1	1	Cumings, Mrs. John Bradley (Florence Briggs Th...	1	38
2	1	3	Heikkinen, Miss. Laina	1	26
3	1	1	Futrelle, Mrs. Jacques Heath (Lily May Peel)	1	35
4	0	3	Allen, Mr. William Henry	0	35

图 3.6　解决缺失值之后的数据集

```
titanic.groupby('Sex')['Age'].mean()
```

上述代码的意思是按照 Sex 列进行分组，然后计算每个组的年龄平均值。计算结果如下：

```
Sex
0          30.505824
1          28.216730
```

我们还可以使用 Python 和统计学回答其他难度更大、更复杂的问题。

3.4　总结

这是我们第一次按照数据科学的 5 个步骤进行数据探索，不用担心，这肯定不是最后一次。从现在起，每当我们遇到一个新的数据集，都将使用以上数据探索步骤对数据进行转换、分解和标准化。尽管本章介绍的步骤仅仅是一个指引，但为每个数据科学家建立了工作中可遵循的实践标准。这些步骤适用于任何数据集。

我们很快将进入本书的统计学、概率论和机器学习模型部分。在此之前，我们有必要掌握基础的数学知识。因此在下一章，我们将学习应用复杂模型所需的数学知识。

别担心，你需要学习的数学知识非常少，我将一步一步进行讲解。

第4章
基本的数学知识

下面，我们将学习数据科学实践中常用的数学原理。我知道很多人听到"数学"会感到害怕，所以尽量让这个过程充满乐趣。本章，我们将讨论以下主题：

- 基本的数学符号和术语。

- 对数（logarithms）和指数（exponents）。

- 集合论（set theory）。

- 微积分（calculus）。

- 矩阵/线性代数（matrix/linear algebra）。

本章还会介绍数学的其他领域。而且，你还将看到这些数学理论如何在科学实验和数据科学中发挥作用，比如统计模型和概率模型中用到的数学理论。

在第 1 章，我们曾把数学作为数据科学的三要素之一。本章介绍的所有数学理论，都是你在成为数据科学家道路上必须掌握的基本的数学知识。

4.1 数学学科

数学作为一门科学，是人类发明的一门非常古老的逻辑思维学科。早在公元前 3 000 年的美索不达米亚平原，人类就已经开始用**算术（arithmetic）**和其他更高层次的数学知识探寻哲学问题。

　　今天，我们生活的方方面面都依赖于数学。这听起来有点陈词滥调，但我确实是认真的。当你在浇花或者喂狗粮时，你潜意识中的数学机器一直在运转。它计算着每天要给花浇多少水，预测着小狗下一次饥饿的时间，以便你能及时喂食。无论人们是否有意识地使用了数学原理，这些概念都已经深入到每个人的大脑中。作为数学老师，我的职责是让你们意识到这一点。

4.2　基本的数学符号和术语

　　首先，我们将介绍最基本的数学符号，以及数据科学家会用到的更深奥的符号。

4.2.1　向量和矩阵

　　向量（vector）指既有大小又有方向的对象。这个定义在实际使用中有点复杂。对我们而言，向量是用来表示一系列数字的一维数组。换句话说，向量是一个由数字构成的列表。

　　向量通常用箭头或者粗体字表示，如下所示：

$$\vec{x} \ 或 \ \boldsymbol{x}$$

　　向量可以被拆分为更小粒度，即向量中包含的数字。我们通常用索引标示法表示向量中的元素，如下所示：

$$当 \ \vec{x} = \begin{pmatrix} 3 \\ 6 \\ 8 \end{pmatrix} 时，x_1 = 3$$

　　在数学中，我们通常用索引 1 表示第 1 个元素。计算机程序则通常用索引 0 表示第 1 个元素。请务必牢记你所用系统的索引规则！

　　在 Python 中，我们有多种方式表示数组。例如可以用 Python 的列表表示前面的数组：

```
x = [3, 6, 8]
```

然而，我建议最好用 numpy 中的数组类型表示数组（如下所示），因为它能提供更多的向量运算功能。

```
import numpy as np
x = np.array([3, 6, 8])
```

不管在 Python 中以何种方式表示向量，向量都为我们提供了一种存储多维单一数据点或观察值的简单方法。

例如，假设我们用 0～100 表示员工对每个部门的平均满意度，其中人力资源部得分57，工程部得分89，管理部得分94。我们可以用以下向量表示这一组数据：

$$x = \begin{pmatrix} x_1 \\ x_2 \\ x_3 \end{pmatrix} = \begin{pmatrix} 57 \\ 89 \\ 94 \end{pmatrix}$$

这个向量存储了 3 个不同的信息，这正是向量在数据科学中的重要用途。

理论上，你也可以将向量想象成 Pandas 中的 Series 对象。所以，我们很自然地联想到 DataFrame 对象。事实上，以上向量只需简单扩展，就可以由一维扩展为多维。

矩阵（matrix）是二维数组的表示形式。矩阵有两个特征需要特别关注。矩阵的维度用 $n×m$ 表示，即矩阵有 n 行 m 列。矩阵通常用大写符号、加粗斜体字表示，比如大写 X。例如下面这个矩阵：

$$\begin{pmatrix} 3 & 4 \\ 8 & 55 \\ 5 & 9 \end{pmatrix}$$

它有 3 行 2 列，所以是 3×2 矩阵。

如果矩阵的行数和列数相等，则称之为**正方形矩阵（square matrix）**，简称方阵。

矩阵通常用来存储结构化数据，它是 Pandas 中 DataFrame 类型的泛化。因此，矩阵是数据科学工具箱中最重要的数学工具。

继续之前的案例，假设有 3 个位于不同地点的办公室，每个办公室都有人力资源部、工程部和管理部。我们可以用 3 个向量分别表示以上 3 个办公室 3 个部门的满意度得分，如下所示：

$$x = \begin{pmatrix} 57 \\ 89 \\ 94 \end{pmatrix}, \ y = \begin{pmatrix} 67 \\ 87 \\ 84 \end{pmatrix}, \ z = \begin{pmatrix} 65 \\ 98 \\ 60 \end{pmatrix}$$

然而，这样的表示方式不但难以处理，而且不具有扩展性。如果我们有 100 个办公室，就需要 100 个不同的数组存储信息。矩阵恰好能解决这一问题。我们可以创建一个 3×3 矩阵，每一行代表不同的部门，每一列代表不同的办公室，如表 4.1 所示。

表 4.1 满意度调查表

	办公室 1	办公室 2	办公室 3
人力资源部	57	67	65
工程部	89	87	98
管理部	94	84	60

这样看起来更加自然。我们去掉行标签和列标签之后，剩下的数字就组成了一个真正的矩阵。

$$X = \begin{pmatrix} 57 & 67 & 65 \\ 89 & 87 & 98 \\ 94 & 84 & 60 \end{pmatrix}$$

快速练习

（1）如果增加第 4 个办公室，矩阵需要增加 1 行，还是增加 1 列？

（2）增加第 4 个办公室后，矩阵的维度是多少？

（3）如果在最初的矩阵 X 中去除"管理部"的数据，新矩阵的维度是什么？

（4）计算矩阵所含元素数量的通用公式是什么？

答案

（1）增加 1 列。

（2）3×4。

（3）2×3。

（4）$n \times m$，其中 n 为矩阵行数，m 为矩阵列数。

4.2.2　算术符号

接下来，我们将讨论和算术密切相关的符号，它们几乎出现在任何数据科学教材中。

求和

大写的 Σ（读作：西格玛）符号表示**求和（summation）**。Σ 右边是可迭代的对象，我们可以将它逐个相加。比如，我们生成一个向量：

```
x = [1, 2, 3, 4, 5]
```

向量 x 的合计值可以使用以下公式表示：

$$\Sigma x_i = 15$$

在 Python 中，使用以下公式：

```
sum(x)  # ==15
```

类似地，我们可以计算一组数值的平均值。假设向量 x 的长度为 n，则向量平均值的计算公式如下：

$$平均值 = \frac{1}{n} \Sigma x_i$$

即将向量 x 中的每个元素（用 x_i 表示）相加，然后和向量长度 n 相除，或者和 $1/n$ 相乘。

比例项

小写的 α（读作：阿尔法）符号表示**比例项（proportional）**。比例项描述了两个同时变化的数值的关系，即一个值发生变化时，另一个值的变化情况。变化方向取决于两者的比例关系。数值既可以正比变化，也可以是反比变化。如果两个值正比变化，那么两者将同增或同减。反之，如果两者反比变化，则一个值增加时另一个值下降。

以下是两个比例项例子：

- 公司的营业额和客户数成正比，用符号表示为"销售额α客户数"；

- 天然气价格和石油供应量成反比（大部分情况），即，如果石油供应量下降，天然气价格将上涨，用符号表示为"天然气价格α石油供应量"。

点积

点积（dot product） 是类似于加法和乘法的运算符，通常用来合并两个向量，如下所示：

$$\begin{pmatrix} 3 \\ 7 \end{pmatrix} \cdot \begin{pmatrix} 9 \\ 5 \end{pmatrix} = 3 \times 9 + 7 \times 5 = 62$$

 点积的结果是一个单一的数值，称为标量（scalar）。

这有何用途呢？假设我们用向量表示用户对喜剧、言情剧和动作片 3 种不同类型电影的喜欢程度，取值范围 1～5。假设某用户喜欢喜剧，不喜欢言情剧，对动作片不喜欢也不讨厌，那么用向量表示如下：

$$\begin{pmatrix} 5 \\ 1 \\ 3 \end{pmatrix}$$

其中：

- 5 表示喜欢喜剧；

- 1 表示不喜欢言情剧；

- 3 表示不喜欢也不讨厌动作片。

现在，假设有两部电影，一部是言情喜剧片，一部是喜剧动作片。每部电影同样有自己的特征向量，如下所示：

$$\boldsymbol{m}_1 = \begin{pmatrix} 4 \\ 5 \\ 1 \end{pmatrix} \text{ 和 } \boldsymbol{m}_2 = \begin{pmatrix} 5 \\ 1 \\ 5 \end{pmatrix}$$

其中，m_1 是言情喜剧片，m_2 是喜剧动作片。

为了决定向用户推荐哪部电影，我们使用点积将用户的偏好向量和每部电影的特征向量相乘，乘积最高的电影将被推荐给用户。

下面来计算每部电影的推荐分数。对于第 1 部电影，计算公式为：

$$\begin{pmatrix} 5 \\ 1 \\ 3 \end{pmatrix} \cdot \begin{pmatrix} 4 \\ 5 \\ 1 \end{pmatrix}$$

我们可以将该问题想象成图 4.1 所示的内容。

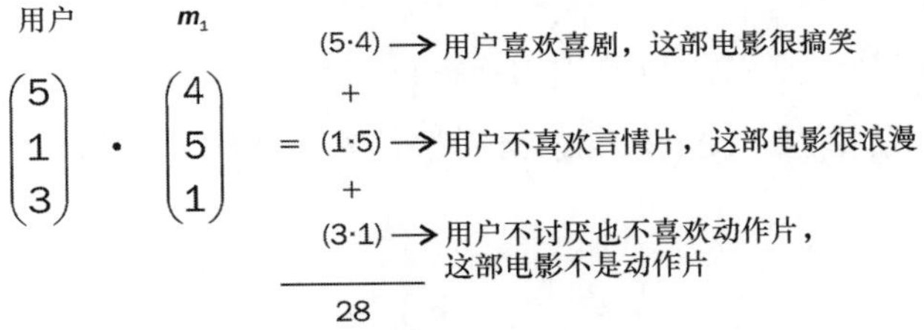

图 4.1 计算电影的推荐分数

计算结果是 28，这意味着什么呢？它的尺度是什么？

我们知道向量中每个位置的最大值是 5，因此：

$$\begin{pmatrix} 5 \\ 5 \\ 5 \end{pmatrix} \cdot \begin{pmatrix} 5 \\ 5 \\ 5 \end{pmatrix} = 5^2 + 5^2 + 5^2 = 75$$

最小值是 1，因此：

$$\begin{pmatrix} 1 \\ 1 \\ 1 \end{pmatrix} \cdot \begin{pmatrix} 1 \\ 1 \\ 1 \end{pmatrix} = 1^2 + 1^2 + 1^2 = 3$$

也就是说，计算结果 28 所处的尺度是 3～75。你可以想象 28 在数轴 3～75 上的相对位置，如图 4.2 所示。

下面继续计算第 2 部电影：

$$\begin{pmatrix} 5 \\ 1 \\ 3 \end{pmatrix} \cdot \begin{pmatrix} 5 \\ 1 \\ 5 \end{pmatrix} = 5 \times 5 + 1 \times 1 + 3 \times 5 = 41$$

将 41 放在同一数轴，如图 4.3 所示。我们很容易看出第 2 部电影的得分比第 1 部电影高。

图 4.2　第一部电影的满意度 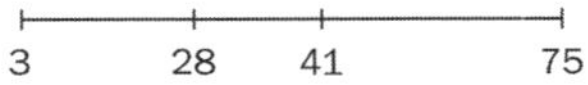　　　　　　　图 4.3　第二部电影的满意度

因此，我们将把第 2 部电影推荐给用户。实际上，这正是大多数推荐引擎的工作原理。它们以向量的形式构建用户简历，同时用向量表示每一部电影，最后将它们和用户简历进行连接（可能使用点积），以此为用户提供推荐内容。很多公司处理的数据量巨大，会用到另一个叫"**线性代数（linear algebra）**"的数学领域。我们将在本章的下半部分进行介绍。

4.2.3　图表

你应该已经见过成百上千个图表（graphs），因此我只简单介绍一些图表的约定和符号。

图 4.4 是一个基本的**笛卡儿图（cartesian graph）**。符号 x 和 y 是标准符号，但并不能解释这幅图的全部含义。通常情况下，我们将 x 称为**自变量（independent variable）**，y 称作**因变量（dependent variable）**。这是因为当我们用函数表示时，倾向于写成 y 是关于 x 的函数，即 y 值依赖于 x 值。实际上，这才是图 4.4 的真正含义。

假设图中有两个点，如图 4.5 所示。

图 4.4　函数　　　　　　　　　　图 4.5　两个点的表示法

我们将以上两点称为（x_1，y_1）和（x_2，y_2）。

两点之间的**斜率（slope）**计算如下：

$$斜率 = m = \frac{y_2 - y_1}{x_2 - x_1}$$

可能你之前已经见过这个公式，但它依然有一些关键特征值得注意。斜率指两点之间的**变化比率（rate of change）**。变化比率在数据科学中非常重要，特别是在涉及微分方程和微积分运算时。

变化比率是表示变量如何同时变化，以及变化程度的指标。假设我们为咖啡温度和时间建模，得到的变化比率是：

$$-\frac{2°F}{1\text{min}}$$

这个变化比率指咖啡温度每分钟下降 2℉。

在随后的章节，我们将介绍一种叫**线性回归（linear regression）**的机器学习算法，该算法通过变量间的变化比率关系进行预测。

 你可以将笛卡儿平面想象成由两个无限向量构成的无边界平面。当我们说 3D 或 4D 时，指由包含更多向量组成的无限空间。3D 空间由 3 个向量构成，7D 空间由 7 个向量构成，以此类推。

4.2.4　指数/对数

指数（exponent）指数字和自身相乘的次数。如下所示：

$$2^{\overset{\text{指数}}{\underset{\text{底数}}{4}}} = 2 \cdot 2 \cdot 2 \cdot 2 = 16$$

对数（logarithm）则用于回答"以 A 数为底（base）得到 B 的指数是多少？"，如下所示：

$$\log_{\underset{\text{底数}}{2}} (16) = \underset{\text{对数}}{4}$$

如果你发现这两个概念非常接近，那就对了！事实上，对数和指数高度相关，对数即指数。以上两个公式是同一个事物的两种表示方式，其核心思想是 2×2×2×2=16。

$$\log_2(16) = 4 \leftrightarrow 2^4 = 16$$

以上转换解释了为什么两个不同的公式表达了同一事物。请注意我用箭头标识的从对数到指数的变化过程。

再比如以下两个例子：

- $\log_3 81 = 4$，因为 $3^4 = 81$。

- $\log_5 125 = 3$，因为 $5^3 = 125$。

如果我们将 $\log_3 81 = 4$ 中的 81 替换为等价形式 3^4，如下：

$$\log_3 3^4 = 4$$

发生了有意思的事情，两个 3 好像抵消了！我们在处理比 3 和 4 更复杂的数字时会发现这个有意思的特征非常有用。

另外，对数和指数在计算增长率时也特别有用。大部分时候，指数和对数可以帮助我们对数量的增长趋势进行建模。

常数 e 约等于 2.718，它在实践中具有很强的实用性。最常见的例子是计算资金的增长情况。假设银行账户有 5 000 美元，以年化利率 3% 进行增长。我们使用以下公式对存款余额进行建模：

$$A = Pe^{rt}$$

其中：

- A 为最终的存款金额；

- P 为初始投资金额（5 000 美元）；

- e 为常数（2.718）；

- r 为年化增长率（0.03）；

- t 为时间（单位：年）。

我们非常好奇账户余额需要多长时间才能翻倍？用公式表示如下：

$$10\,000 = 5\,000e^{0.03t}$$

等价于求解:

$$2=e^{0.03t}\text{（两边都除以 5 000）}$$

此时，我们需要求解的是指数函数。但我们也可以将其转化为对数函数进行求解！

$$2 = e^{0.03t} \leftrightarrow \log_e (2)=0.03t$$

最终，我们需要求解的是 $\log_e(2)=0.03t$。

我们通常将以 e 为底的对数称为**自然对数（nature logarithm）**。重写该对数公式如下:

$$\ln2=0.03t$$

使用计算器或 Python，我们得到 $\ln2=0.69$，因此:

$$0.69=0.03t$$
$$t=23$$

这意味着 23 年后我们的资产才能翻倍。

4.2.5 集合论

集合论（set theory）指面向集合对象的数学运算，它被认为是其他数学原理和定理的根基之一。对我们而言，集合论主要用来处理包含大量元素的群体。

集合是由一组不重复对象构成的群体，仅此而已！集合可以被看作 Python 中的列表，但不含重复对象。事实上，在 Python 中甚至有专门的 set 对象。

```
s = set()

s = set([1, 2, 2, 3, 2, 1, 2, 2, 3, 2])
# will remove duplicates from a list

s == {1, 2, 3}
```

在 Python 中，花括号{}既可以指**集合（set）**，也可以指**字典（dictionary）**。字典由键和键值成对组成，比如:

```
dict = {"dog": "human's best friend", "cat": "destroyer of world"}
dict["dog"]# == "human's best friend"
len(dict["cat"]) # == 18
```

```
# but if we try to create a pair with the same key as an existing key
dict["dog"] = "Arf"

dict
{"dog": "Arf", "cat": "destroyer of world"}
# It will override the previous value
# dictionaries cannot have two values for one key.
```

字典和集合共用同样的符号，是因为它们具有同样的特性：集合不可以用重复项，正如字典不可以有重复键一样。

集合的**大小（magnitude）**是一个描述集合所含元素数量的值，表示方式为：

$$|A| = A \text{ 的大小}$$

```
s # == {1,2,3}
len(s) == 3 # magnitude of s
```

 集合可以为空，用符号 $\varnothing$ 表示。空集的大小为零。

我们使用符号 ∈ 表示某个元素包含在集合中，如下所示：

$$2 \in \{1, 2, 3\}$$

2 包含在由 1、2 和 3 组成的集合中。如果一个集合包含在另一个集合中，我们称第 1 个集合是第 2 集合的子集。

$$A = \{1, 5, 6\}, B = \{1, 5, 6, 7, 8\}$$
$$A \subseteq B$$

A 是 B 的子集，B 是 A 的超集。如果 A 是 B 的子集且 A 不等于 B（即 B 中至少有一个元素不包含在 A 中），那么 A 是 B 的真子集。以下是集合的例子：

- 偶数集合是整数集合的子集；

- 每个集合都是自身的子集，但不是真子集；

- 由所有推文构成的集合是由所有英文推文构成集合的超集。

在数据科学中，我们用集合（或者列表）表示一系列对象，很多时候用来归纳用户的行为。事实上，这种方式非常常见。

假设一家营销公司想预测客户将购买哪个品牌的衣服。我们有客户历史上购买衣服的品牌信息，我们的目标是预测该客户会喜欢的新品牌。假设 1 个客户曾购买过 Target、Banana Republic 和 Old Navy，在 Python 中表示如下：

```
user1 = {"Target","Banana Republic","Old Navy"}
# note that we use {} notation to create a set
# compare that to using [] to make a list
```

请注意，我们在以上代码中使用{}符号创建一个集合，而不是用[]符号创建一个列表。

第 2 个客户购买过的品牌有：

```
user2 = {"Banana Republic","Gap","Kohl's"}
```

我们希望知道这两个客户的相似程度。根据目前有限的信息，我们可以将相似性定义为两个客户都购买过的品牌有哪些，这被称为**交集（intersection）**。

两个集合的交集指由同时出现在两个集合中的元素组成的集合，用符号∩表示，如下所示：

$$user1 \cap user2 = \{Banana Republic\}$$
$$|user1 \cap user2| = 1$$

以上两个用户的交集只有 1 个，看起来好像并不是特别棒。但是，考虑到每个集合仅有 3 个元素，1/3 的相似度似乎也并不坏。

如果我们想知道两个客户总共购买过的品牌有哪些，这称之为**并集（union）**。

两个集合的并集指由两个集合中所有元素组成的集合，用符号∪表示，如下所示：

$$user1 \cup user2 = \{Banana Republic, Target, Old Navy, Gap, Kohl's\}$$
$$|user1 \cup user2| = 5$$

当我们计算 user1 和 user2 的相似度时，应同时使用交集和并集。user1 和 user2 的交集有 1 个元素，并集有 5 个元素。所以，我们可以定义两者的相似度为：

$$\frac{|user1 \cap user2|}{|user1 \cup user2|} = \frac{1}{5} = 0.2$$

事实上，在集合理论中它有一个正式的名字，叫**杰卡德相似度（jaccard similarity）**。

对于集合 A 和 B，两者的杰卡德相似度为：

$$JS(A,B)=\frac{|A\cap B|}{|A\cup B|}$$

从以上公式不难发现，杰卡德相似度也可以被定义为交集的大小除以并集的大小。杰卡德相似度为我们提供了一种量化集合相似性的方法。

根据直觉，我们推测杰卡德相似度的值介于 0～1，当相似度接近 0 时表示几乎没有共性，当相似度接近 1 时表示客户相似性最高。如果我们仔细考虑一下它的定义，这个推测就显得更加合理：

$$JS(A,B)=\frac{\text{两个客户都买过的品牌数量}}{\text{两个客户总共买过的品牌数量}}$$

以上内容在 Python 中表示如下：

```python
user1 = {"Target","Banana Republic","Old Navy"}
user2 = {"Banana Republic","Gap","Kohl's"}

def jaccard(user1, user2):
  stores_in_common = len(user1 & user2)
  stores_all_together = len(user1 | user2)
  return stores_in_common / float(stores_all_together)

# I cast stores_all_together as a float to return a decimal answer
# instead of python's default integer division

jaccard(user1, user2) # == 0.2 or 1/5
```

当我们开始学习概率论处理多维数据时，集合论的应用将越来越广泛。我们使用集合表示现实世界发生的各种事件。概率论将取代集合成为使用频率最高的词汇。

4.3　线性代数

还记得之前的电影推荐引擎吗？如果我们要从 10 000 部电影中选出 10 部推荐给用户，需要怎么办呢？我们需要将每个用户的简历和 10 000 部电影分别计算点积。**线性代**

数（linear algebra）为我们提供了更高效的计算工具。

线性代数是计算矩阵和向量的一个数学分支。它通过对计算对象进行分解和重构，增强了实用性。下面我们介绍几个线性代数的处理规则。

矩阵乘积

和数值乘积类似，我们也可以对矩阵进行乘积运算。本质上，矩阵乘积是同时进行大量点积运算的过程。以下面这两个矩阵乘积为例：

$$\begin{pmatrix} 1 & 5 \\ 5 & 8 \\ 7 & 8 \end{pmatrix} \cdot \begin{pmatrix} 3 & 4 \\ 2 & 5 \end{pmatrix}$$

需要注意的是：

- 矩阵乘积不支持交换律，矩阵相乘的顺序影响着最终结果，这一点和数值乘积有所区别。

- 为了对矩阵进行乘积，矩阵的维度必须匹配。第 1 个矩阵的列数，必须和第 2 个矩阵的行数一致。

为了记住这一点，我们可以写下矩阵的维度。本例是一个 3×2 矩阵和一个 2×2 矩阵相乘。如果第 2 个矩阵的第 1 个维度和第 1 个矩阵的第 2 个维度相等，那么两个矩阵可以相乘：

$$3 \times \boxed{2 \cdot 2} \times 2$$

矩阵乘积之后的维度等于方框区域外的数字。在本例中，矩阵乘积后新矩阵维度是 3×2。

矩阵如何相乘

本质上，矩阵乘积是进行一系列点积的过程。有一个简单的方法计算矩阵乘积。回到之前的例子：

$$\begin{pmatrix} 1 & 5 \\ 5 & 8 \\ 7 & 8 \end{pmatrix} \cdot \begin{pmatrix} 3 & 4 \\ 2 & 5 \end{pmatrix}$$

我们已经知道矩阵乘积的结果是一个 3×2 的新矩阵，新矩阵的样子如下：

$$\begin{pmatrix} m_{11} & m_{12} \\ m_{21} & m_{22} \\ m_{31} & m_{32} \end{pmatrix}$$

请注意，新矩阵的每个元素都有下标，第 1 个数字表示行号，第 2 个数字表示列号。m_{32} 指第 3 行第 2 列的元素。

新矩阵的每个元素都是原矩阵对应行和列的点积。比如 m_{xy} 是第 1 个矩阵 x 行和第 2 个矩阵 y 列的点积，如下所示：

$$m_{11} = (1, 5) \cdot \begin{pmatrix} 3 \\ 2 \end{pmatrix} = 13$$

$$m_{12} = (1, 5) \cdot \begin{pmatrix} 4 \\ 5 \end{pmatrix} = 29$$

以此类推，我们将得到乘积后的新矩阵：

$$\begin{pmatrix} 13 & 29 \\ 31 & 60 \\ 37 & 68 \end{pmatrix}$$

回到电影推荐的案例。我们已经知道用户对喜剧、言情剧和动作片的偏好是：

$$U = 用户偏好 = \begin{pmatrix} 5 \\ 1 \\ 3 \end{pmatrix}$$

假设我们有 10 000 部电影，每部电影都有喜剧、言情剧和动作片 3 个特征值。为了给用户推荐电影，我们需要将用户的偏好向量和 10 000 部电影的特征向量进行乘积。我们可以用矩阵乘积表示。

我们用矩阵符号表示以上矩阵，而不是将 10 000 个矩阵都列出来。我们已经有了表示用户偏好的向量 U（可以被看作 3×1 矩阵），以及所有电影组成的 3×10 000 维度的矩阵：

$$M = 3×10\ 000 维度矩阵$$

现在，我们有两个矩阵：一个是 3×1，另一个是 3×10 000。由于这两个矩阵维度不满足相乘条件，所以无法直接相乘。我们需要对矩阵 **U** 进行**转置（transpose）**，即行转为列，列转为行。转置后的新矩阵如下：

$$\boldsymbol{U}^{\mathrm{T}} = \boldsymbol{U}\text{的转置} = (5,1,3)$$

转置后两个矩阵可以相乘，如下所示：

$$(5,1,3) \cdot \begin{pmatrix} 452 & \cdots \\ 549 & \cdots \\ 151 & \cdots \end{pmatrix}$$

$$1 \times 3 \qquad 3 \times 10\,000$$

乘积的结果是 1×10 000 的新矩阵（向量），矩阵中每个数字代表对应电影的推荐值。

下面在 Python 中完成以上内容。

```
import numpy as np

# create user preferences
user_pref = np.array([5, 1, 3])

# create a random movie matrix of 10,000 movies
movies = np.random.randint(5,size=(3,10000))+1

# Note that the randint will make random integers from 0-4
# so I added a 1 at the end to increase the scale from 1-5
```

我们使用 numpy 模块的 array 函数创建矩阵，user_pref 和 movies 是我们得到的数据。我们使用 numpy 模块的 shape 方法检查矩阵的维度，如下所示：

```
print user_pref.shape      # (1, 3)

print movies.shape         # (3, 10000)
```

矩阵维度正确。下面我们继续使用 numpy 模块计算两个矩阵的乘积：

```
# np.dot does both dot products and matrix multiplication
np.dot(user_pref, movies)
```

计算结果是一个由整数组成的数组，每一个值表示对应电影的推荐指数。

下面我们对本例进行扩展，计算推荐超过 10 000 部电影所需的时间。

```
import time

for num_movies in (10000, 100000, 1000000, 10000000, 100000000):
    movies = np.random.randint(5,size=(3, num_movies))+1
    now = time.time()
    np.dot(user_pref, movies)
    print (time.time() - now), "seconds to run", num_movies, "movies"
```

输出结果：

```
0.000160932540894 seconds to run 10000 movies
0.00121188163757 seconds to run 100000 movies
0.0105860233307 seconds to run 1000000 movies
0.096577167511 seconds to run 10000000 movies
4.16197991371 seconds to run 100000000 movies
```

使用矩阵乘积计算 100 000 000 部电影的推荐指数，只需要 4 秒多！

4.4 总结

我们在本章介绍了未来会用到的基本数学原理——对数、指数、矩阵代数和比例项等。数学不仅仅在数据分析中扮演着重要角色，也深刻地影响着生活的方方面面。

在接下来的章节，我们将深入研究两个数学领域——概率论和统计学。我将详细解释这两个领域涉及的各种大大小小的理论。

截至本章，我们一直单独介绍数学、数据探索和数据的类型。在接下来的章节，我们会将以上内容进行融合。让我们马上开始吧！

第 5 章

概率论入门：不可能，还是不太可能

在接下来的几个章节中，我们将研究概率论和统计学，它们是现实世界中各种分析场景和数据驱动情景最常用的方法。概率论是预测的基础。我们用概率表示事件发生的可能性。通过概率论，我们能够对现实世界中某些随机性或偶发性事件进行建模。

本章中，我们将讨论以下主题：

- 什么是概率。

- 频率论和贝叶斯方法的区别。

- 如何可视化概率。

- 如何利用概率定理。

- 学会使用混淆矩阵。

在接下来的两个章节中，我们将研究概率定理背后的专业术语，以及如何利用这些知识对随机事件进行建模。

5.1 基本的定义

概率论最基础的概念之一是**过程（procedure）**。过程指产生某个结果的行动。比如，掷骰子和访问网站。

　　事件（event）是某个过程产生的一系列结果的合集。比如，掷硬币得到正面朝上的结果或在网站停留 4 秒后离开。**简单事件（simple event）**指由某个过程产生的不可再分的事件。比如，掷两次骰子可以被拆分为以下两个简单事件：掷第 1 次骰子，掷第 2 次骰子。

　　样本空间（sample space）指某个过程产生的所有可能的简单事件的集合。比如，连续掷 3 次硬币，请问样本空间大小是多少？答案是 8。因为实验结果只能是以下样本空间中的任何一个：{正正正，正正反，正反反，正反正，反反反，反反正，反正正，反正反}。

5.2　概率

　　事件的**概率（probability）**指事件出现的频率或可能性，A 表示事件，$P(A)$表示事件发生的概率。我们定义事件 A 的概率为：

$$P(A) = \frac{事件A出现的次数}{样本空间的大小}$$

其中 A 是待求解的事件。

　　假设存在由所有可能发生的事件构成的集合（如图 5.1 中所示的大圆 Universe）。任何单一事件 A，都可以用大圆中的小圆表示。

　　假设我们在做癌症研究，事件 A 表示患有癌症。如果研究对象是 100 人，其中有 25 人患有癌症，则事件 A 的概率或 $P(A)$等于 25/100。对于任意事件，概率的最大值都只能等于 1。你可以理解为图 5.1 中的灰色区域逐渐扩大至和大圆重合。

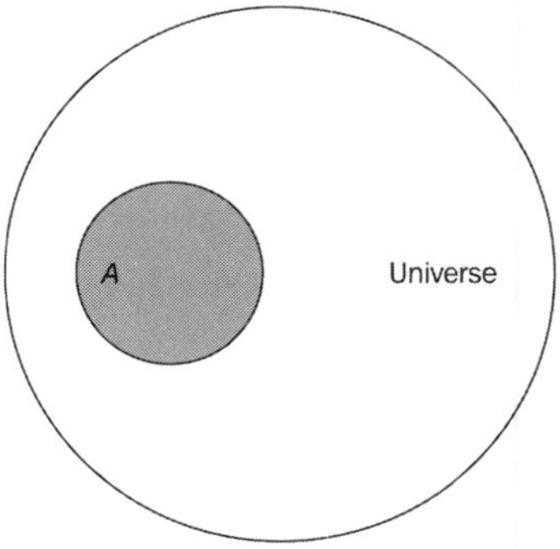

　　最常见的例子是掷硬币（我保证后面的内容将越来越有意思）。假设同时掷两枚硬币，我们想知道两个硬币

图 5.1　概率的图解

都是正面朝上的概率。显然，正面朝上的组合只有 1 个！但是，总共有多少种组合呢？两个正面朝上，两个反面朝上，和一个正面朝上、一个反面朝上。

首先，我们定义事件 A 是两个正面朝上，A 出现的次数有 1 次。事件的样本空间是{正正，正反，反正，反反}，样本空间大小是 4。所以，事件 A 的概率 $P(A)$ 等于 1/4。

我们用一个交叉表对结果进行验证，如表 5.1 所示。第 1 枚硬币的结果用列表示，第 2 枚硬币的结果用行表示。每个单元格只能为"真"或"假"，其中"真"表示满足我们想要的结果（即两个正面朝上），"假"表示不满足。

表 5.1   掷硬币的结果

	第 1 枚硬币为正面	第 1 枚硬币为反面
第 2 枚硬币为正面	真	假
第 2 枚硬币为反面	假	假

可见，4 个结果中只有 1 个满足要求。

5.3　贝叶斯 VS 频率论

上一个例子过于简单，因为在真实案例中，我们有时很难计算事件发生的次数。比如，随机抽取某个人，我们想知道他/她每天至少抽 1 次烟的概率。如果用传统的方式（概率公式）求解，我们需要知道烟民总数和每天至少抽 1 次烟的烟民数量分别是多少——这是不可能得到的数字！

面对这样的困境，在计算事件概率时出现了两个不同的方法：**频率论方法**（**Frequentist approach**）和贝叶斯论方法（**Bayesian approach**）。本章将重点研究频率论方法，下一章将重点研究贝叶斯方法。

频率论方法

在频率论方法中，事件的概率是通过实验获得的。它利用过去的数据预测未来某个事件的概率。频率论方法的公式如下：

$$P(A) = \frac{\text{事件} A \text{出现的次数}}{\text{过程被重复的次数}}$$

简而言之，我们观察事件的多个实例，计算事件 A 出现的次数，两者相除即为概率的近似值。

这和贝叶斯方法存在很大区别。贝叶斯方法更偏向通过理论方式计算事件的概率。我们需要更深入地思考事件本身和事件发生的原因。这两种方式计算的概率都不一定百分之百准确，选择何种方法取决于待解决的问题和计算难度。

频率论方法的核心是**相对频率（relative frequency）**。相对频率等于事件出现的次数除以总观测次数。

示例：营销统计

假设我们想知道网站用户中有多少人会再次访问，该指标被称为**重复访客率（the rate of repeat visitors）**。根据之前的公式，我们定义事件 A 为用户再次访问网站。接着，我们需要计算用户再次访问网站的方式有多少种，而这是没有意义的！因此在这个例子中，很多人倾向使用贝叶斯方法。然而，我们仍然可以用传统方法计算事件 A 的相对频率。

我们可以利用网站访问日志计算事件 A 的相对频率。假设过去 1 周，1 458 个独立访问者（unique visitors）中有 452 个人属于重复访问者（repeat visitors），那么：

$$P(A) = \frac{452}{1458} = 0.31$$

因此，重复访客率大约是 31%。

大数法则

大数法则（the law of large numbers）是频率论方法能够成立的原因。大数法则指如果我们不断重复某个过程，那么相对频率将接近真实概率。

如果我问你 1～10 的平均值是多少，你会脱口而出 5。下面我们将用 Python 做实验，计算 1～10 的平均值，演示什么是大数法则。

我们通过 Python 从 1～10 中随机取 n 个数，并计算平均值，重复以上步骤，并逐渐增大 n，最后用图表展示实验结果。具体实验步骤如下：

（1）从 1～10 取 1 个随机数，计算平均值；

（2）从 1～10 取 2 个随机数，计算平均值；

（3）从 1～10 取 3 个随机数，计算平均值；

（4）从 1～10 取 10 000 个随机数，计算平均值；

（5）对以上结果绘图。

以下是实验代码。

```
import numpy as np
import pandas as pd
from matplotlib import pyplot as plt
%matplotlib inline
results = []
for n in range(1,10000):
    nums = np.random.randint(low=1,high=10, size=n)
# choose n numbers between 1 and 10
    mean = nums.mean()              # find the average of these numbers
    results.append(mean)            # add the average to a running list

# POP QUIZ: How large is the list results?
len(results) # 9999
# This was tricky because I took the range from 1 to 10000 and usually
# we do from 0 to 10000
df = pd.DataFrame({ 'means' : results})
print df.head() # the averages in the beginning are all over the place!
# means
# 9.0
# 5.0
# 6.0
# 4.5
# 4.0
print df.tail() # as n, our size of the sample size, increases, the
# averages get closer to 5!
# means
# 4.998799
# 5.060924
# 4.990597
# 5.008802
# 4.979198
df.plot(title='Law of Large Numbers')
plt.xlabel("Number of throws in sample")
```

```
plt.ylabel("Average Of Sample")
plt.show()
```

如图 5.2 所示，随着我们不断增加样本大小，相对频率逐渐接近真实平均值 5。很酷，对吧？

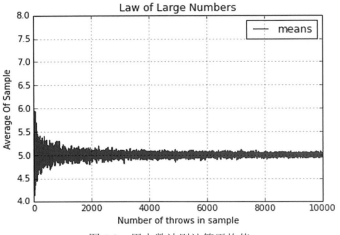

图 5.2　用大数法则计算平均值

在统计学章节，我们将给出更加严格的定义，现在你只需要知道大数法则可以让相对频率接近事件的真实概率。

5.4　复合事件

有时，我们需要同时处理两个或多个事件，这叫作**复合事件（compound events）**。复合事件指包含两个及以上简单事件的事件。

给定事件 A 和事件 B：

● 事件 A 和事件 B 同时发生的概率用 $P(A \cap B)=P(A \text{ 且 } B)$ 表示；

● 事件 A 或事件 B 发生的概率用 $P(A \cup B)=P(A \text{ 或 } B)$ 表示。

深入理解为什么用**集合（set）**符号表示复合事件非常重要。还记得我们之前用大圆 Universe 表示全体事件吗？假设新开展一项关于癌症检测的实验，参与者有 100 人。

如图 5.3 所示，灰色区域 A 表示 25 名癌症患者。根据相对频率方法，我们可以认为 P(A)=癌症患者数/实验总参与人数，即 25/100=1/4=0.25。也就是说，从 100 人中随机选取一人，患有癌症的概率是 25%。

下面引入第 2 个事件 B。事件 B 指癌症检测结果呈阳性（表示可能患有癌症）。假设事件 B 共有 30 人，所以 P(B)=30/100=3/10=0.3。也就是说，从 100 人中随机选取一个，癌症检测结果为阳性的概率为 30%，如图 5.4 所示。

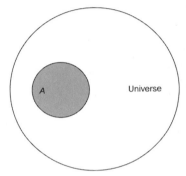

图 5.3　事件 A 中癌症的概率

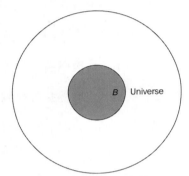

图 5.4　事件 B 中癌症的概率

事件 A 和事件 B 是独立的事件，但两者也拥有交集，即有些人既参与了事件 A，也参与了事件 B，如图 5.5 所示。

在事件 A 和 B 中都出现的参与者，被称为 A 交 B 或 A∩B，表示癌症检测为阳性且患有癌症。假设共有 20 人检测结果为阳性且患有癌症，如图 5.6 所示。

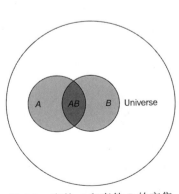

图 5.5　事件 A 和事件 B 的交集

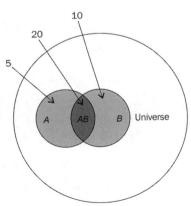

图 5.6　事时 A 和事件 B 的并集

这意味着 $P(A$ 且 $B)=20/100=1/5=0.2=20\%$。

如果想知道真实患有癌症或检测结果为阳性的概率，则只需将两个事件相加，5+20+10=35，这些人要么是真实的癌症患者，要么癌症检测结果为阳性，$P(A$ 或 $B)=35/100=0.35=35\%$。

简单总结，在图 5.6 中，实验的所有参与者有以下 4 种分类：

- **粉色**：表示患有癌症且检测结果为阴性；

- **紫色**（A 交 B）：表示患有癌症且检测结果为阳性；

- **蓝色**：表示未患有癌症但检测结果为阳性；

- **白色**：表示未患有癌症且检测结果为阴性。

所以，真正正确的检测结果是白色和紫色区域，位于粉色和蓝色区域的实验结果是错误的。

5.5　条件概率

从 100 名实验对象中随机挑选 1 名参与者。假设已知该参与者的检测结果为阳性，请问参与者真实患有癌症的概率是多少？这相当于求解在事件 B 已发生即结果为阳性的情况下，参与者真实患有癌症的概率，会不会是 $P(A)$ 呢？

这种情况叫作给定条件 B，求 A 的条件概率，记为 $P(A|B)$。简而言之，条件概率是求解在某一事件已经发生的情况下，另一事件发生的概率。

你也可以将条件概率理解为改变了总体的大小。$P(A|B)$ 的总体由图 5.6 中的 Universe 变为 B，如图 5.7 所示。

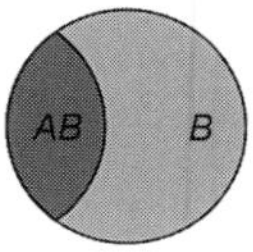

图 5.7　样本总体大小改变

条件概率计算公式如下：

$$P(A|B)=P(A 且 B)/P(B)=(20/100)/(30/100)=20/30=0.66=66\%$$

因此，如果检测结果为阳性，则参与者患有癌症的概率为 66%。在现实中，类似的条件概率是实验设计者最希望得到的结果，因为他们希望知道的是检测方法在预测癌症方面的真实效果。

5.6　概率定理

在概率论中，有一些难以可视化表达但非常有用的定理，这些定理将帮助我们轻松地计算复合概率。

5.6.1　加法定理

加法定理用于计算"或"事件的概率。我们可以通过以下公式计算 $P(A \cup B)$ 或 $P(A$ 或 $B)$ 的概率：

$$P(A \cup B)=P(A)+P(B)-P(A \cap B)$$

公式的第一部分 $P(A)+P(B)$ 很容易理解。为了将两个事件合并在一起，我们需要将两个事件的圆形区域相加（如图 5.8 所示）。但为什么要减去 $P(A \cap B)$ 呢？因为当我们将两个圆相加时，两者重叠的区域被计算了两次。

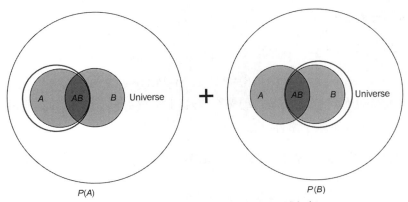

图 5.8　将事件 A 和事件 B 的圆形区域相加

图中红色圆形区域都包含 A 和 B 的交集，所以当我们将两个事件 A 和 B 相加时，需要减去其中一个交集，正如公式计算的那样。

回忆之前的案例，我们希望知道实验对象患有癌症或者检测结果为阳性的概率。假设事件 A 表示患有癌症，事件 B 表示检测结果为阳性。根据公式我们有：

$$P(A \text{ 或 } B)=P(A)+P(B)-P(A∩B)=0.25+0.30-0.2=0.35$$

结果和我们之前计算的一样。

5.6.2　互斥性

当两个事件不能同时发生时，我们称它们为**互斥事件（mutually exclusive）**。这意味着两个事件的交集为空集，即 $A∩B=\varnothing$，或 $P(A∩B)=P(A \text{ 且 } B)=0$。

如果两个事件是互斥的，那么：

$$P(A∪B)=P(A \text{ 或 } B)=P(A)+P(B)-P(A∩B)=P(A)+P(B)$$

以下是常见的互斥事件：

- 用户通过 Twitter 和用户通过 Facebook 登录你的网站；

- 今天是星期六和今天是星期三；

- 未通过经济学 101 课和已通过经济学 101 课。

以上案例中的事件不可能同时发生。

5.6.3　乘法定理

乘法定理用于计算"且"事件的概率。我们可以通过以下公式计算 $P(A∩B)$ 或 $P(A \text{ 且 } B)$：

$$P(A∩B)=P(A \text{ 且 } B)=P(A) \cdot P(B|A)$$

为什么是乘以 $P(B|A)$ 而不是 $P(B)$ 呢？这是因为 $P(A)$ 和 $P(B)$ 相乘不能适用于所有情况，比如事件 B 可能依赖于事件 A。

回到癌症实验案例中，假设 A 表示检测结果为阳性，B 表示患有癌症。根据公式我们有：

$$P(A∩B)=P(A \text{ 且 } B)=P(A) \cdot P(B|A)=0.3×0.666\ 6=0.2=20\%$$

结果和我们之前计算的一样。

你也许还没有认识到条件概率的必要性。下面让我们看另一个更难的案例。

假设随机选取 10 人，有 6 人使用 iPhone，4 人使用 Android。请问随机选取两个人都使用 iPhone 的概率是多少？也就是说，对于以下两个事件：

- 事件 A：第 1 个人使用 iPhone。

- 事件 B：第 2 个人使用 iPhone。

求 $P(A$ 且 $B)$，即 $P(iPhone$ 用户且 iPhone 用户$)$的值。

我们可以使用公式 $P(A$ 且 $B)=P(A)\cdot P(B|A)$。

$P(A)$很容易计算，10 个人中有 6 个是 iPhone 用户，所以事件 A 发生的概率是 6/10=3/5=0.6。即 $P(A)=0.6$。如果选取 1 个 iPhone 用户的概率是 0.6，那么选取 2 个 iPhone 用户的概率应该是 0.6×0.6，对吧？

等等！在选取第 2 个 iPhone 用户时，只剩下了 9 个人。所以在转换后的样本空间中，我们有 9 个人，其中 5 个是 iPhone 用户，4 个是 Android 用户，因此 $P(B)=5/9=0.555$。

因此，选取两个人都使用 iPhone 的概率是 0.6×0.555=0.333=33%。即从 10 个人中随机选取两个人使用 iPhone 的概率是 1/3。

总之，条件概率的乘法定理非常重要，有时它会彻底改变你的计算结果。

5.6.4 独立性

如果两个事件互不影响对方的发生，那么这两个事件是相互独立的，因此：

$$P(B|A)=P(B), \quad P(A|B)=P(A)$$

如果两个事件是独立事件，那么：

$$P(A\cap B)=P(A)\cdot P(B|A)=P(A)\cdot P(B)$$

以下是常见的独立事件：

- 旧金山在下雨，同时一个婴儿在印度出生；

- 抛第 1 枚硬币得到正面，抛第 2 枚硬币得到反面。

以上案例中的事件属于独立事件，它们互不影响对方的发生概率。

5.6.5 互补事件

事件 A 的**互补事件**（**complementary events**）指事件 A 的相反事件或否定事件，通

常用 $\overline{A}$ 表示。比如，如果事件 A 表示某人患有癌症，则 $\overline{A}$ 表示某人未患有癌症。

我们通常用以下公式计算 $\overline{A}$ 的概率：

$$P(\overline{A})=1-P(A)$$

比如，假设投掷两次骰子，请问得到的值大于 3 的概率是多少？如果用 A 表示值大于 3，$\overline{A}$ 表示值等于或小于 3，则：

$$P(A)=1-P(\overline{A})$$
$$P(A)=1-(P(2)+P(3))$$
$$=1-(1/36+2/36)$$
$$=1-(3/36)$$
$$=33/36$$
$$=0.91$$

再比如，某创业团队马上要和 3 个不同的投资者开会，我们已知以下概率：

- 第 1 场会议获得投资的概率是 60%；

- 第 2 场会议获得投资的概率是 15%；

- 第 3 场会议获得投资的概率是 45%。

请问，这个团队至少获得 1 笔投资的概率是多少？

用 A 表示至少获得 1 笔投资，$\overline{A}$ 表示没有获得任何投资，则 $P(A)$ 可以用下式表示：

$$P(A)=1-P(\overline{A})$$

为了计算 $P(\overline{A})$，我们需要计算以下概率：

$P(\overline{A})=P$（没有拿到第 1 个投资者的投资 且 没有拿到第 2 个投资者的投资 且 没有拿到第 3 个投资者的投资）。

我们假设这些事件是独立事件（投资者间没有互相交流），那么：

$P(\overline{A})=P$（没有拿到第 1 个投资者的投资）$\times P$（没有拿到第 2 个投资者的投资）$\times P$（没有拿到第 3 个投资者的投资）$=0.4\times0.85\times0.55=0.187$。

$$P(A)=1-0.187=0.813=81\%$$

所以，这个创业团队至少拿到一笔投资的概率是 81%。

5.7 再进一步

下面这个测试叫作**二元分类器（binary classifer）**，它来自机器学习。你暂时不需要了解机器学习，只需要知道这个二元分类器只能预测两种结果：癌症和非癌症。当我们使用二元分类器时，可以计算出模型的**混淆矩阵（confusion matrix）**。这是一个 2×2 矩阵，每个单元格表示实验可能出现的结果之一。

我们换一组实验数据。假设有 165 人参与了实验，我们已经通过其他途径知道他们是否真正患有癌症。以下是实验结果的混淆矩阵，如表 5.2 所示。

表 5.2		实验结果的混淆矩阵
n=165	模型预测结果：无癌症	模型预测结果：癌症
实际情况：无癌症	50	10
实际情况：癌症	5	100

矩阵显示，分类器预测 50 人没有得癌症，实际上他们确实不是癌症患者；有 100 人患有癌症，实际上他们确实是癌症患者。也就是说，我们得到了以下 4 个不同的分类。

- **真阳性（true positives）**：指分类器正确预测了癌症（阳性），共 100 人。

- **真阴性（true negatives）**：指分类器正确预测了非癌症（阴性），共 50 人。

- **假阳性（false positives）**：指分类器错误地预测了癌症（阳性），共 10 人。

- **假阴性（false negatives）**：指分类器错误地预测了非癌症（阴性），共 5 人。

前两类预测结果正确，后两类预测结果错误。假阳性被称为 **I 型错误（type I error）**，假阴性被称为 **II 型错误（type II error）**，如图 5.9 所示。

我们将在后面的章节继续讨论这件事。现在，你只需要知道为什么我们使用集合符号表示复合事件的概率——交集表示事件 A 和事件 B 同时发生，并集表示事件 A 和事件 B 至少有一个发生。

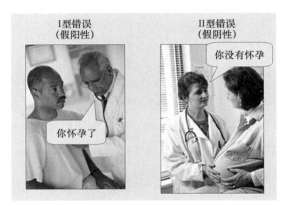

图 5.9 I 型错误和 II 型错误

5.8 总结

本章中，我们介绍了基本的概率论知识。在随后的章节，我们还将继续深入讨论这一话题。我们会像频率学专家一样思考问题、设计实验，并用概率进行预测。

在下面的章节，我们将介绍概率学中的贝叶斯方法，并使用贝叶斯理论解决更复杂的现实问题。

第 6 章
高等概率论

在上一章，我们介绍了概率论的基础知识，以及如何利用这些定理解决复杂问题。简而言之，概率论是对事件发生的可能性进行建模的一门数学。我们用概率定理计算独立事件和复合事件发生的概率。

本章中，我们将介绍更加复杂的概率学理论，以及如何利用这些理论提升预测能力。本章介绍的主题有：

- 互补事件（collectively exhaustive events）。

- 贝叶斯理论。

- 基本的预测规则。

- 随机变量。

贝叶斯理论和随机变量等高等概率论知识，将引出常见的机器学习算法（如朴素贝叶斯算法）。在学习以上概念之前，我们需要了解什么是互补事件。

6.1 互补事件

对于包含两个事件以上的事件集，如果事件集中至少有一个事件发生，我们称这些事件为互补事件。比如：

- 对于事件集{温度低于 60℃，温度高于 90℃}，这些事件不是互补事件，因为温度有可能介于 60℃ 和 90℃之间。事实上，这两个事件是**互斥事件（mutually exclusive）**，因为温度不可能同时低于 60℃、高于 90℃。

- 掷骰子事件集{1,2,3,4,5,6}是互补事件，因为这些事件是所有骰子可能出现的点数，骰子点数肯定是其中之一。

6.2　重温贝叶斯思想

在上一章，我们简单介绍了贝叶斯思想。简而言之，当我们讨论贝叶斯时，我们关注以下 3 个事情和它们之间的关系：

- 先验分布（prior distribution）。

- 后验分布（posterior distribution）。

- 似然度（likelihood）。

通常来讲，我们更关心后验分布，因为它是我们想知道的答案。

另一种理解贝叶斯思想的方法是，数据会影响我们的判断。我们有一个先验概率，或者有一个关于假设朴素的想法，然后根据历史数据，得出该假设的后验概率。

6.2.1　贝叶斯定理

贝叶斯定理是贝叶斯推理的重要结果。下面我们将介绍它的推导过程。回忆我们之前介绍过的定义：

- $P(A)$=事件 A 发生的概率。

- $P(A|B)$=事件 B 发生的前提下，事件 A 发生的概率。

- $P(A, B)$=事件 A 和事件 B 同时发生的概率。

- $P(A, B)=P(A)×P(B|A)$。

最后一个公式指，事件 A 和事件 B 同时发生的概率，等于事件 A 发生的概率乘以事件 A 发生的前提下事件 B 发生的概率。这个公式就是贝叶斯定理的由来。

已知：

$$P(A,B)=P(A)\times P(B|A)$$
$$P(B,A)=P(B)\times P(A|B)$$
$$P(A,B)=P(B,\ A)$$

因此：

$$P(B)\times P(A|B)=P(A)\times P(B|A)$$

两边同时除以 $P(B)$ 后即得到贝叶斯定理，如下所示：

$$P(A|B)=\frac{P(A)\times P(B|A)}{P(B)}$$

我们可以这样理解贝叶斯定理：

- 在只知道 $P(A|B)$ 的情况下，计算 $P(B|A)$，反之亦然；

- 在只知道 $P(A)$ 的情况下，计算 $P(A|B)$。

我们还可以尝试从**假设（hypothesis）**和**数据（data）**的角度看待贝叶斯定理。如果用 D 表示收集的数据，H 表示你的初始假设，贝叶斯定理可以被理解为求解 $P(H|D)$，即在给定数据 D 的前提下，初始假设成立的概率，用公式表示为：

$$P(H|D)=\frac{P(D|H)P(H)}{P(D)}$$

其中：

- $P(H)$ 指在收集数据前，假设发生的概率，称为先验概率；

- $P(H|D)$ 是待求解的概率，指在收集数据后，假设发生的概率，称为后验概率；

- $P(D|H)$ 是给定假设下，数据发生的概率，称为似然度；

- $P(D)$ 指在任何假设下，数据发生的概率，称为标准化常量。

这一思想已经离机器学习和预测分析不远了。在很多案例中，当我们做预测分析时，指的正是根据已有数据预测未来。用术语表示，假设 H 是待预测的结果，$P(H|D)$ 可以理

解为：在给定数据的前提下，假设 H 发生的概率是多少？

下面我们通过一个例子演示贝叶斯定理如何在工作场合中发挥作用。

假设有 Lucy 和 Avinash 两名员工同时为公司撰写博客。根据历史数据，你对 Lucy 80% 的文章非常满意，但只对 Avinash 50% 的文章表示满意。某天上午，一篇没有署名的新文章放在你的办公桌前。你非常喜欢这篇文章，给其评价 A+。假设这两位作者发布文章的频率一致，请问这篇文章来自 Avinash 的概率是多少？

在你彻底崩溃之前，让我们先像经验丰富的数学家那样，列出所有的已知信息。

- 假设 H：这篇文章的作者是 Avinash；

- 数据 D：你喜欢这篇文章；

- $P(H|D)$：在已知你喜欢文章的前提下，作者是 Avinash 的概率；

- $P(D|H)$：在作者是 Avinash 的前提下，你喜欢该文章的概率；

- $P(H)$：这篇文章作者是 Avinash 的概率；

- $P(D)$：你喜欢这篇文章的概率。

请注意，如果缺失上下文，以上某些变量可能没有任何意义。比如 $P(D)$，它可以是你喜欢每一篇出现在办公桌上的文章。这听起来非常诡异，但请相信我，在贝叶斯定理中，它是有意义的。同样地，$P(D)$ 并不依赖文章的来源，而是指对于任何来源的文章，你喜欢的概率（再说一次，如果不考虑上下文，这听起来会非常诡异）。

下面，我们尝试用贝叶斯定理计算 $P(H|D)$。

$$P(H|D)=\frac{P(D|H)P(H)}{P(D)}$$

等等！我们有公式右边的值吗？当然有！如下所示。

- $P(H)$ 是该文章来自 Avinash 的概率。由于两位作者发布博客的频率相等，我们可以认为该文章有一半的概率来自 Avinash。

- $P(D|H)$ 是你喜欢 Avinash 文章的比例，我们已知是 50%。

- $P(D)$比较有意思。它指通常情况下，你喜欢一篇文章的概率。这意味着我们需要考虑文章来自 Lucy 等其他作者的情况。如果所有的假设能够组成一个**套件（suite）**，我们就可以使用上一章介绍的概率法则。我们将由完全互斥且互不相交的假设组成的集合称为套件。简单来说，对于套件中的假设，有且仅有一个假设发生。在本例中，两个假设分别是"文章来自 Lucy"和"文章来自 Avinash"。显然，这两个假设可以构成套件，因为：

  ○ 文章至少来自其中一人；

  ○ 文章最多来自其中一人；

  ○ 因此，只有一人是文章的作者。

当我们有了套件，就可以使用乘法和加法法则，如下所示。

$$D=(\text{文章来自 Avinash 且你喜欢它})\text{或}(\text{文章来自 Lucy 且你喜欢它})$$
$$P(D)=P(\text{你喜欢它且文章来自 Avinash})\text{或}P(\text{你喜欢它且文章来自 Lucy})$$
$$P(D) = P(\text{文章来自Avinash})\times P(\text{你喜欢它}\mid\text{文章来自Avinash})+$$
$$P(\text{文章来自Lucy})\times P(\text{你喜欢它}\mid\text{文章来自Lucy})$$
$$P(D)=0.5\times(0.5)+0.5\times(0.8)=0.65$$

不错，继续努力！下面可以完成我们的等式：

$$P(H\mid D)=\frac{P(D\mid H)P(H)}{P(D)}$$
$$P(H\mid D)=\frac{0.5\times0.5}{0.65}=0.38$$

因此，这篇文章来自 Avinash 的概率是 0.38。$P(H)$=0.5 和 $P(H|D)$=0.38 有点意思。$P(H)$=0.5 指在没有任何数据的前提下，文章来自 Avinash 的概率是 50%，和抛硬币得到正面或反面的概率一样。如果给定了数据（你是否喜欢该博客），假设发生的概率发生了变化，低于 0.5。这正是贝叶斯思想的本质——根据先验假设和给定的新数据，更新对事件的后验假设概率。

6.2.2 贝叶斯定理的更多应用

通常情况下，当我们需要依据数据和概率快速做出决策时，贝叶斯定理就能派上用场。大部分推荐引擎，比如 Netflix，都或多或少地使用了贝叶斯定理。我们很容易就能想通其中的道理。

在简化的场景中，假设 Netflix 只有 10 种类型影片可供选择。如果没有任何用户数据，用户喜欢喜剧类型影片的概率是 1/10。

当用户给喜剧电影 5 星评价后（满分 5 星），请问 Netflix 猜测用户喜欢另一部喜剧电影的概率是多少？显然这个概率将比随机猜测概率 10% 高。

下面我们将在更多数据和案例中应用贝叶斯定理。

案例：泰坦尼克

一个有名的案例是研究 1912 年沉没的泰坦尼克号数据。我们将使用概率论方法，研究乘客生还情况是否具有人口统计学特征。换句话说，我们想从数据集中抽离出核心特征，寻找哪种类型的乘客将在此次灾难中生还。

首先，我们加载泰坦尼克号数据，如表 6.1 所示。

```
import pandas as pd
titanic = pd.read_csv(data/titanic.csv')#read in a csv
titanic = titanic[['Sex', 'Survived']]  #the Sex and Survived column
titanic.head()
```

表 6.1　　　　　　　　　　　　　　泰坦尼克号数据

	Sex	Survived
0	male	no
1	female	yes
2	female	yes
3	female	yes
4	male	no

在表格 6.1 中，每行代表一名乘客。我们提取了两个重要特征：性别（Sex）和是否幸存（Survived）。第 1 行表示一名没有幸存的男性乘客，第 4 行（Python 索引为 3）表示一名幸存的女性乘客。

我们先从简单的概率入手。首先计算在不考虑性别的情况下，每名乘客的生还概率。方法是计算 Survived 列值为 yes 的行数，再除以总行数。

```
num_rows = float(titanic.shape[0]) # == 891 rows
p_survived = (titanic.Survived=="yes").sum() / num_rows # == .38
p_notsurvived = 1 - p_survived                      # == .61
```

请注意，我们已经有 P(Survived)，可以根据互斥法则计算 P(Died)。下面，我们分别计算男性和女性的生还率：

```
p_male = (titanic.Sex=="male").sum() / num_rows # == .65
p_female = 1 - p_male # == .35
```

现在，请问自己一个问题：性别是否是影响生还率的重要特征？为了回答这个问题，我们需要计算 P(Survived|Female)，即已知乘客为女性的情况下的生还率。为此，我们将生还的女性乘客数量除以女性乘客总数，公式如下：

$$P(生还|女性)=\frac{P(女性且生还)}{P(女性)}$$

```
number_of_women = titanic[titanic.Sex=='female'].shape[0] # == 314
women_who_lived = titanic[(titanic.Sex=='female') & (titanic.
Survived=='yes')].shape[0]                      # == 233
p_survived_given_woman = women_who_lived / float(number_of_women)
p_survived_given_woman                      # == .74
```

女性的生还率 0.74 远大于全体的生还率 0.38！这说明性别是影响生还的重要特征。

案例：医疗案例

贝叶斯定理的经典用途之一是医学实验分析。在学校和工作场所，对违禁药物的检查已经越来越普遍。检测公司认为自己的检查方法非常灵敏，（基本上）只要使用了违禁药物，检测结果都会呈阳性。同时，他们声称检测也具有较高特异性，如果未使用违禁药物，检测结果将呈阴性。

假设平均来看，药物检测的敏感性为 60%，特异性为 99%。也就是说，如果雇员使用了违禁药物，检测结果有 60%的概率呈阳性；如果雇员未使用违禁药物，检测结果有 99%的概率呈阴性。

假设我们在违禁药物使用率为 5%的工作场所进行检测，我们想知道如果检测结果是阳性，那么雇员使用违禁药物的概率是多少？

按照贝叶斯定理，我们需要计算使用了违禁药物且检测结果为阳性的概率：

● 用 D 表示使用了违禁药物；

● 用 E 表示检测结果为阳性；

● 用 N 表示未使用违禁药物。

● 待求解的对象是 $P(D|E)$。

根据贝叶斯定理：

$$P(D \mid E) = \frac{P(E \mid D)P(D)}{P(E)}$$

先验概率 $P(D)$ 是在检测之前，雇员使用违禁药物的概率 5%。似然度 $P(E|D)$ 是使用了违禁药品且检测结果为阳性的概率，即检测的敏感性 60%。常数 $P(E)$ 则比较特殊。我们需要考虑两种可能性：$P(E$ 且 $D)$ 和 $P(E$ 且 $N)$，即还要考虑到雇员未使用违禁药物，但检测结果为阳性的错误检测情况。

$$P(E)=P(E 且 D)+P(E 且 N)$$
$$P(E)=P(D)P(E|D)+P(N)P(E|N)$$
$$P(E)=0.05 \times 0.6+0.95 \times 0.01$$
$$P(E)=0.0395$$

因此，之前的公式变为：

$$P(D|E)=\frac{0.6 \times 0.05}{0.0395}$$

$$P(D|E)=0.76$$

也就是说，对于检测结果为阳性的违禁药物使用者，大约有 1/4 人是无辜的！

6.3 随机变量

随机变量（random variable）通常用实数表示概率事件。在之前的案例中，我们认为变量（在数学和程序语言中）是固定值。在数学中，我们可以用 h 表示直角三角形的斜边长。在 Python 中用 x 表示 5（$x = 5$）。以上两个变量每次只能是唯一值。但是，随机变量具有随机性，随机变量的值和它的名称一样是变化的，随环境而改变！

但是和变量一样，随机变量也用来存储值，两者最大的区别在于随机变量的取值具有不确定性，完全取决于所处的环境。

如果随机变量有多个取值，那我们如何追踪每个值呢？答案是随机变量的每个值都对应一个百分比。也就是说，对于随机变量可能出现的每一个值，都有唯一一个与之对应的概率。

我们可以计算出随机变量的概率分布，观察随机变量可能的取值和概率。

我们通常用大写字母（经常用 X）表示随机变量，比如：

- $X =$ 掷骰子的结果。

- $Y =$ 某公司今年的销售额。

- $Z =$ 应聘者的编程测验得分。

事实上，随机变量是将样本空间（包含了所有可能的结果）中的值映射到概率（0～1）的函数，用公式表达如下：

$$f(\text{事件}) = \text{概率}$$

函数将给出每一个事件对应的概率。随机变量主要有两种类型：**离散型（discrete）**和**连续型（continuous）**。

6.3.1 离散型随机变量

离散型随机变量的取值范围是有限的，比如掷骰子的结果，如表 6.2 所示。

$$X = \text{每次掷骰子的结果}$$

表 6.2　　掷骰子的结果及其概率

随机变量值	$X=1$	$X=2$	$X=3$	$X=4$	$X=5$	$X=6$
概率	1/6	1/6	1/6	1/6	1/6	1/6

请注意，我用大写 X 表示随机变量，这是随机变量最常见的符号，同时还需注意到每个随机变量都有一个与之对应的概率。

随机变量有很多属性，比如**期望（expected value）**和**方差（variance）**。我们通常用**概率质量函数（probability mass function，PMF）**描述离散随机变量的分布情况，表示方式如下：

$$P(X = x) = \text{PMF}$$

对于掷骰子事件：

$P(X=1)=1/6$，$P(X=5)=1/6$。

对于以下两种离散型随机变量：

- 调查问卷的结果（范围是 1~10）。

- CEO 是否会在年内辞职（非真即假）。

随机变量的期望是指大量随机变量样本的平均值，有时也被称为变量的平均值。下面用 Python 代码模拟掷骰子事件。

```
import random
import matplotlib.pyplot as plt
def random_variable_of_dice_roll():
    return random.randint(1, 7) # a range of (1,7) # includes 1, 2, 3,
4, 5, 6, but NOT 7
```

下面我们掷 100 次骰子，观察其平均值的大小。

```
trials = []
num_trials = 100
for trial in range(num_trials):
    trials.append( random_variable_of_dice_roll() )
print sum(trials)/float(num_trials) # == 3.77
```

掷 100 次骰子后的平均值是 3.77。下面增大掷骰子的次数。

```
num_trials = range(100,10000, 10)
avgs = []
for num_trial in num_trials:
    trials = []
    for trial in range(1,num_trial):
        trials.append( random_variable_of_dice_roll() )
    avgs.append(sum(trials)/float(num_trial))
plt.plot(num_trials, avgs)
plt.xlabel('Number of Trials')
plt.ylabel("Average")
plt.show()
```

图 6.1 是掷骰子的次数和平均值之间的关系。图中左侧显示，如果掷骰子的次数只有 100 次，那么很难保证平均值接近 3.5。然而，如果连续掷 10 000 次骰子，平均值明显越来越接近 3.5。

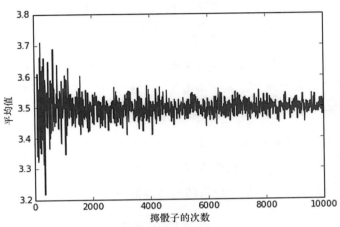

图 6.1 掷骰子的次数和平均值之间的关系

对于离散型随机变量，我们用以下公式计算期望：

$$期望=E[X]=\mu_X=\Sigma x_i p_i$$

其中，x_i 是第 i 次的结果，p_i 是第 i 次的概率。

对于掷骰子事件，我们可以计算其期望为：

$$\frac{1}{6}(1)+\frac{1}{6}(2)+\frac{1}{6}(3)+\frac{1}{6}(4)+\frac{1}{6}(5)+\frac{1}{6}(6)=3.5$$

计算结果显示，我们每掷一次骰子，预期得到的值是 3.5。然而，骰子并没有 3.5，期望值好像是没有意义的！实际上，如果考虑到研究背景——掷很多次骰子，3.5 就是有意义的数值。因为如果我们掷 10 000 次骰子，骰子的平均点数确实接近 3.5，图 6.1 就是最好的证明。

随机变量的期望并不能描述随机变量所有的特征，因此我们需要引入方差的概念。

方差用来描述随机变量的离散程度，它量化了变量值的不确定性。离散型随机变量的方差公式如下：

$$方差=V[X]=\sigma_X^2=\Sigma(x_i-\mu_X)^2 p_i$$

其中，x_i 和 p_i 与之前的含义相同，μ_X 是随机变量的期望。公式中还出现了西格玛 σ，它是随机变量的标准差，等于方差的平方根。

方差可以被看作增减指标。假设有人告诉你可以从扑克比赛中赢得 100 美元，你会非常高兴。如果他继续说："你可能赢得 100 美元，加减 80 美元。"那么你的预期回报将是 100 加减 80，浮动范围非常广。这会让风险厌恶者慎重考虑是否需要加入比赛。

下面我们介绍更复杂的离散型随机变量案例。假设你的团队用李克特度量法（Likert Scale）评估新产品是否会成功，其中用 0 表示彻底失败，4 表示获得巨大成功。你们根据新产品的用户测试结果和历史产品表现预测新产品的成功概率。

首先，我们需要定义随机变量。假设随机变量 X 表示产品成功情况，由于 X 的值只有 5 种可能：0、1、2、3 或 4，所以 X 是离散型随机变量。表 6.3 是 X 的概率分布。请注意，每一列代表随机变量可能的取值和它对应的概率。

表 6.3 X 的概率分布

随机变量值	$X=0$	$X=1$	$X=2$	$X=3$	$X=4$
概率	0.02	0.07	0.25	0.4	0.26

比如，该产品有 2% 的概率彻底失败，26% 的概率获得巨大成功！我们可计算 X 的期望：

$$E[X] = 0\times(0.02)+1\times(0.07)+2\times(0.25)+3\times(0.4)+4\times(0.26)=2.81$$

因此，管理层可以认为该产品成功的期望值是 2.81。但是，仅有这个数字还不足以下结论。当我们有多个项目备选时，期望可能是较好的对比指标。然而，当我们仅有一个项目时，我们需要更多的衡量指标。

下面，我们将计算 X 的方差，如下：

$$V[X]=(0-2.81)^2\times0.02+(1-2.81)^2\times0.07+(2-2.81)^2\times0.25+$$
$$(3-2.81)^2\times0.4+(4-2.81)^2\times0.26=0.93$$

由此可知标准差等于 0.97。

因此，我们可以认为新产品获得成功的期望是 2.81 加减 0.97，即 1.84～3.78。

你可能在想，好吧，这个新产品最好的得分是 3.78，最差的得分是 1.84。然而并不是这样！新产品既可能是 4 分，也可能低于 1.8 分。为了证明这一点，我们计算 $P(X\geqslant3)$。

请首先用 1min 时间说服自己看得懂这个公式。我们要求解的 $P(X{\geqslant}3)$ 是什么？诚实一点，花 1min 时间搞懂它。

$P(X{\geqslant}3)$ 指随机变量值大于或等于 3 的概率。换句话说，新产品的得分大于或等于 3 的概率是多少？

$$P(X{\geqslant}3)=P(X=3)+P(X=4)=0.66=66\%$$

这意味着新产品有 66% 的概率得分是 3 或 4。

另一种计算它的方式是根据共轭法则，如下：

$$P(X{\geqslant}3)=1-P(X<3)$$

再一次，请用 1min 时间说服自己理解以上公式的含义。

这个公式的意思是为了计算得分不低于 3 的概率，我们用 1 减去得分低于 3 的概率。只有当两个事件（$X{\geqslant}3$ 和 $X<3$）是互补事件时，它才成立。

$P(X{\geqslant}3)$ 和 $P(X<3)$ 显然是互补事件，因为产品得分只能是以下两种情况之一：

● 等于或大于 3。

● 小于 3。

我们还可以通过计算 $P(X<3)$ 检查等式是否成立：

$$P(X<3)=P(X=0)+P(X=1)+P(X=2)=0.02+0.07+0.25=0.34$$
$$1-P(X<3)=1-0.34=0.66=P(X{\geqslant}3)$$

这说明 $X{\geqslant}3$ 和 $X<3$ 是互补事件！

离散型随机变量的类型

了解不同类型的离散型随机变量，可以让我们更好地理解如何在实际案例中使用它。以下特殊的随机变量针对不同的场景，可以实现用非常简单的方式进行建模。

二项随机变量

第一种离散型随机变量是**二项随机变量（binomial random variables）**。二项随机变量指重复观察某一试验，并统计试验结果为"成功（真）"的次数。

在学习二项随机变量之前，我们需要知道什么是二项分布。二项分布需要满足以下

4 个条件：

- 试验结果只有两种：成功或失败（发生或不发生，真或假）；

- 试验结果是独立的，互不影响的；

- 试验次数是固定的（固定样本大小）；

- 每次试验成功的概率均为 p。

二项随机变量是离散型随机变量。我们一般用 X 表示二项分布试验成功的次数，参数 n 表示试验的次数，p 表示每次试验成功的概率。

二项随机变量的概率质量函数（PMF）如下：

$$P(X=k)=\binom{k}{n}p^k(1-p)^{n-k}$$

其中 $\binom{k}{n}$ 是二项式系数，表示从 n 个元素中提取 k 个元素的组合，计算公式为 $\dfrac{n!}{(n-k)!k!}$。

案例：餐馆生存概率

已知某城市餐馆开业首年的生存率是 20%。假设今年有 14 家餐馆开业，请问 1 年后有 4 家餐馆生存下来的概率是多少？

首先，我们需要验证这是一个二项分布试验：

- 试验结果是餐馆继续营业或关门；

- 试验结果是独立的，互不影响——假设各餐馆之间不影响对方的生存概率；

- 试验次数是固定的——14 家餐馆开业；

- 每次试验成功的概率都为 p——生存率是 20%。

我们已经知道两个参数 n=14，p=0.2，下面将参数填进公式，如下：

$$P(X=4)=\binom{4}{14}\times0.2^4\times0.8^{10}=0.17$$

因此，1 年之后有 4 家餐馆继续营业的概率是 17%。

案例：血型

假设某对夫妻孩子血型为 O 的概率是 25%。请问在他们的 5 个孩子中，有 3 个血型为 O 的概率是多少？

我们用 X 表示孩子血型为 O，其中 $n=5$，$p=0.25$，那么：

$$P(X=3) = \binom{3}{5} \times 0.25^3 \times 0.75^{5-3} = 0.087$$

我们还可以计算随机变量值为 0、1、2、3、4 和 5 时对应的概率，了解它的概率分布，如表 6.4 所示。

表 6.4　　　　　　　　　随机变量为 0～5 时对应的概率

随机变量值	0	1	2	3	4	5
概率	0.237 30	0.395 51	0.263 67	0.087 89	0.014 65	0.000 98

有了以上概率分布，我们就可以计算变量的期望和方差：

$$期望 = E[X] = \mu_X = \Sigma x_i p_i = 1.25$$

$$方差 = V[X] = \sigma_X^2 = \Sigma(x_i - \mu_X)^2 p_i = 0.937\,5$$

因此，我们预计该家庭有 1～2 个孩子的血型为 O 型。

如果我们想知道至少有 3 个孩子血型为 O 型的概率是多少，我们可以使用以下公式：

$$P(X \geqslant 3) = P(X=5) + P(X=4) + P(X=3) = 0.000\,98 + 0.014\,65 + 0.087\,89 = 0.103$$

因此，该家庭有 3 个小孩的血型为 O 型的概率是 10%。

计算二项随机变量期望和方差的快捷方式如下。

二项随机变量有特殊的计算期望和方差的方法。如果 X 是二项随机变量，那么：

$$E[X] = np$$
$$V[X] = np(1-p)$$

对于上面的例子，我们可以使用以下公式计算期望和方差：

- $E[X] = 0.25 \times 5 = 1.25$。

- $V[X] = 1.25 \times (0.75) = 0.937\,5$。

二项随机变量是计算二项分布试验成功次数的离散型随机变量。它在数据驱动的实验中具有重要作用，比如在给定转化率的前提下预测注册人数，或者预测股票价格下跌的幅度（别着急，我们随后会用更强大的模型预测股票价格的变化）。

几何随机变量

第二种随机变量类型是**几何随机变量（geometric random variables）**。事实上，它和二项随机变量非常类似，适用的对象同样是重复发生的事件。两者的区别在于几何随机变量不再限制样本的大小。比如，对于之前的"血型"案例，我们不再限定只有 5 个孩子。相反，我们对试验的次数进行建模，计算第 1 次试验成功的概率。

一般情况下，几何分布的事件或试验需要满足以下 4 个条件：

- 试验结果只有两种：成功或失败（发生或不发生，真或假）；

- 试验结果是独立的，互不影响的；

- 试验次数不固定；

- 每次试验成功的概率均为 p。

请注意，除了第 3 个条件之外，其他条件和二项随机变量完全一致！

几何随机变量属于离散型随机变量，它用于计算试验第一次成功的概率。参数 p 表示每次试验成功的概率，$(1-p)$ 是每次试验失败的概率。

几何随机变量的案例有：

- 计算创业公司在得到第一笔风险投资前，需要和 VC 会面的次数；

- 计算掷硬币时得到第 1 个正面朝上的投掷次数。

几何随机变量的概率质量函数（PMF）如下：

$$P(X = x) = (1 - p)^{x-1} p$$

简单概括，二项分布和几何分布的结果都只能是成功或失败两种。两者最大的不同是二项随机变量有固定的次数（记为 n），几何随机变量没有固定的试验次数。相反，几何随机变量对第 1 次试验成功的概率进行建模——不考虑成功的真实含义。

案例：天气

假设 4 月每一天降雨的概率都是 34%。请问 4 月 4 号之前下雨的概率是多少？

根据已知条件，事件 X 是第 1 次降雨发生的日期，概率 p 等于 0.34，$(1-p)$ 等于 0.66，那么：

$$P(X=8)=0.66^{8-1}\times0.34=0.66^7\times0.34=0.018\,55$$

因此，4 月 4 号之前下雨的概率等于：

$$P(X\leqslant4)=P(1)+P(2)+P(3)+P(4)=0.34+0.22+0.14+0.10=0.8$$

因此，4 月 4 号之前下雨的概率是 80%。

> 计算几何型随机变量期望和方差的快捷方式如下。
>
> 几何型随机变量同样有特殊的计算期望和方差的方法。如果 X 是几何型随机变量，那么：
>
> $$E[X] = 1/p$$
> $$V[X] = (1-p)/p^2$$

泊松随机变量

第三种随机变量类型是**泊松随机变量（poisson random variable）**。泊松随机变量用于计算事件在特定时间段内发生的次数。假设根据历史数据，在某特定期间内，事件 X 的平均发生次数是 μ，那么泊松随机变量记为 $X=Poi(\mu)$。

泊松分布是离散型概率分布，以下是两个泊松随机变量案例：

● 根据网站历史表现，预测在 1 小时内网站访问者数量达到特定值的概率；

● 根据历史交通报告，预测某十字路口的车祸数量。

如果用 X 表示指定期间事件发生的次数，用 λ 表示给定期间内事件的平均发生次数，那么在给定期间内，事件发生 x 次的概率可以用以下公式表示：

$$P(X = x) = \frac{e^{-\lambda}\lambda^x}{x!}$$

其中，e 是欧拉常数（2.718……）。

案例：呼叫中心

已知呼叫中心接到的电话数量服从泊松分布，平均每小时 5 个电话。请问：在晚上 10 点～11 点接到 6 个电话的概率是多少？

求解该问题之前，我们先写下所有已知的信息，随机变量 X 指晚上 10 点～11 点接到电话的数量，λ 等于 5。请注意，平均值 5 不是凭空瞎猜的，而是来自对过去这个时间段电话数量的分析。我们需要通过各种方法对平均值进行估计，以便生成泊松随机变量进行预测。

继续求解我们的问题：

$$P(X{=}6) = \frac{e^{-5}5^6}{6!} = 0.146$$

因此，晚上 10 点～11 点接到 6 个电话的概率是 14.6%。

> 计算泊松随机变量期望和方差的快捷方式如下。
>
> 泊松随机变量同样有特殊的计算期望和方差的方法。如果 X 是泊松随机变量，那么：
>
> $$E[X]=\lambda$$
> $$V[X]=\lambda$$

6.3.2 连续型随机变量

接下来，我们要彻底转换思路。和离散型随机变量不同，连续型随机变量的取值是无限的，而不仅仅是可数范围。我们用**密度曲线（density curve）**，而不是概率质量函数（PMF）描述变量的特征。

以下是两个连续型随机变量案例：

● 某个销售代表的电话通话时长（不是电话数量）；

● 容量为 20 加仑石油油桶的真实含量（不是油桶的容量）（注：1 加仑=0.0037854m³）。

假定 X 是连续型随机变量，那么存在函数 $f(x)$，使得对于任意常量 a 和 b 存在：

$$P(a \leqslant X \leqslant b) = \int_a^b f(x)\mathrm{d}x$$

其中 $f(x)$ 是**概率密度函数**（**probability density function，PDF**）。PDF 是连续型随机变量版本的 PMF。

标准正态分布（**standard normal distribution**）是最重要的连续型随机变量分布，你一定听说甚至使用过它。标准正态分布其实非常简单，它的概率密度函数是：

$$f(x) = \frac{1}{\sqrt{2\pi\sigma^2}} \mathrm{e}^{-\frac{(x-\mu)^2}{2\sigma^2}}$$

其中 μ 是变量的均值，σ 是标准差。单独看公式可能难以理解，下面让我们用 Python 绘制平均值为 0、标准差为 1 的标准正态分布图，如图 6.2 所示。

```python
import numpy as np
import matplotlib.pyplot as plt
def normal_pdf(x, mu = 0, sigma = 1):
    return (1./np.sqrt(2*3.14 * sigma**2)) * 2.718**(-(x-mu)**2 / (2.
* sigma**2))

x_values = np.linspace(-5,5,100)
y_values = [normal_pdf(x) for x in x_values]
plt.plot(x_values, y_values)
```

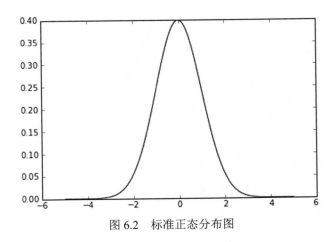

图 6.2　标准正态分布图

我们得到了最常见的钟形曲线，该图形围绕 $x=0$ 完全对称。下面尝试调整一些参数，

比如设置 μ =5，如图 6.3 所示。

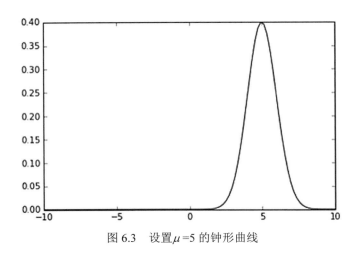

图 6.3　设置 μ =5 的钟形曲线

或者设置 σ =5，如图 6.4 所示。

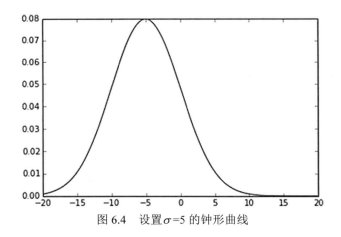

图 6.4　设置 σ =5 的钟形曲线

最后，设置 μ =0， σ =5，如图 6.5 所示。

在以上实验中，我们首先得到了最熟悉的钟形图（如图 6.2 所示），然后通过改变参数，图形逐渐变得更瘦、更厚、左右移动。

在接下来的章节，我们将重点介绍统计学。

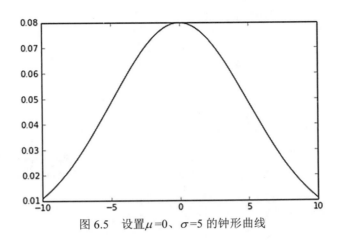

图 6.5　设置 $\mu=0$、$\sigma=5$ 的钟形曲线

6.4　总结

概率论是解释随机、混乱的各种现实事件的一门学科。通过基本的概率法则，我们可以对各种随机事件进行建模。我们可以用随机变量表示多个不同的值，使用概率质量/密度函数对多条产品线进行对比，并分析实验结果。

我们通过案例介绍了如何利用概率法则对复杂事件进行预测。随机变量和贝叶斯定理是概率论中应用很多的方法。在随后的章节，我们还将利用贝叶斯定理创造更加强大和快速的机器学习算法——朴素贝叶斯算法，该算法充分利用了贝叶斯思想的强大能力，解决预测学习类的问题。

在接下来的两章中，我们将重点介绍统计学。和概率论类似，统计学也是用数学理论对现实世界建模的一门学科。两者最大的区别在于对不同类型的现实事件建模，并使用不同的术语。我们还会尝试通过孤立样本对总体特征进行建模。

概率论和统计学是数学重要的两个分支，两者有千丝万缕的联系。

第 7 章
统计学入门

在本章中,我们将重点介绍任何渴望成为数据科学家的人都需要掌握的统计学知识。

我们将研究如何获取数据,正确对数据进行抽样,以避免在实验中引入偏差。我们还将使用统计学方法对数据进行量化和可视化。通过使用 z 分数和经验法则,你将学会如何对数据进行标准化,以便更好地进行分析和数据可视化。

在本章中,我们将重点研究以下主题:

● 如何获取数据,并对数据进行抽样。

● 测度中心、方差和相对位置。

● 使用 z 分数标准化数据。

● 经验法则。

7.1 什么是统计学

什么是统计学?这也许是一个奇怪的问题,但我常常惊讶于很多人无法回答这一简单但深刻的问题。统计学经常出现在新闻和报纸上,也经常被用来证明某种观点或者吓唬读者。但统计学究竟是什么呢?

为了回答这一问题,我们需要退一步,先弄清楚为什么我们需要统计学。统计学的目的是对我们所处的现实世界进行解释和建模。为了做到这一点,我们需要了解**总体**

（**population**）的概念。

我们将"总体"定义为某类试验、事件或模型的全体。通常情况下，"总体"是我们真正研究的对象。比如，如果我们想了解吸烟是否会导致心脏病，那么"总体"就是全世界吸烟的人群。如果我们想研究未成年人饮酒问题，那么"总体"就是所有的未成年人。

我们将"**参数（parameter）**"定义为描述总体某一特征的度量（数值型）。比如我们想知道所有员工（假设有 1 000 人）中使用了违禁药品的人的比例，这个问题的结果就被称为参数。

假设我们经调查发现，1 000 名员工中有 100 人使用了违禁药品，那么违禁药品使用率等于 10%，参数值就等于 10%。

然而，如果员工数量超过 1 0000 人呢？我们很难追踪每一位员工的违禁药品使用情况。当遇到这种情况时，我们已经不可能直接求解参数，而只能对参数值进行估计。

为了估计参数值，我们需要从总体中抽取**样本（sample）**。

我们将"样本"定义为总体的子集。我们可能只调查 1 000 名员工中的 200 名。假设在这 200 名员工中有 26 人使用了违禁药品，那么违禁药品使用率等于 13%。请注意，13%并不是真实的参数值，因为我们并没有调查所有人！13%仅仅是我们估计的参数值。

你知道以上这个过程叫什么吗？这就是统计！

我们可以认为统计是描述总体中样本的某个特征的方法。

统计就是对参数值的估计。统计是通过研究总体子集的特征，描述总体特征的度量值。这一过程是非常有必要的，因为我们无法对地球上每一个未成年人或者吸烟者进行调查。

这就是统计学的世界——从总体中抽取样本，再对样本进行检验。所以，当你下一次再看到统计数字时请记住，它是总体中某个样本的特征，而不是总体。

7.2　如何获取数据

既然统计学研究的是总体中的样本，那么如何抽样就显得非常重要。下面我们介绍一些常用的获取数据的方法。

获取数据

有两种获取分析所需数据的方法：**观察法（observational）**和**实验法（experimental）**。这两种方法各有利弊，适合不同类型的分析。

观察法

我们可以通过观察法持续记录被观测事件的特征值，但又不影响事件的发生。比如，我们通过追踪软件记录网站访客的行为习惯——在特定页面的访问时长、广告点击率等，追踪软件并不影响访客的行为。

观察法是最常见的收集数据的方法，因为它操作起来非常简单，你需要做的仅仅是观察和收集。但观察法限制了可收集的数据类型，因为作为观察者，我们对整个实验环境缺乏控制力，只能观察和收集自然发生的行为。如果我们希望主动诱发某种行为并进行观察，那可能并不适合使用观察法。

实验法

实验法包含一组实验方法和实验对象的反映，实验对象也被称为实验单元。大部分科学实验均使用实验法收集数据。实验组织者将人群分为两组或多组（通常是两组），其中一组为**实验组（experimental group）**，另一组为**对照组/控制组（control group）**。

对照组暴露在特定环境中并被仔细观察。与此同时，实验组暴露在另一个不同的环境中并被仔细观察。实验组织者将两组数据对比分析后，决定哪个实验环境更加有利。

在市场营销活动中，假设我们让一半用户使用经过特殊设计的登录页面（网页 *A*），然后统计这些用户是否进行了注册。同时，我们让另一半用户使用不同的登录页面（网页 *B*），然后统计这些用户是否进行了注册。通过对比两个页面的注册率，我们可以决定哪个网页的表现更好，然后进行推广。这种方法叫作 *A/B* 测试。

下面我们用 Python 演示具体的案例。假设某项 *A/B* 测试获得的数据如下：

```
results = [['A', 1], ['B', 1], ['A', 0], ['A', 0]...]
```

在 results 列表中，列表的每个对象表示一个用户，每个用户有以下两个特征：

● 登录网站的页面，用字母 A 或 B 表示；

● 是否完成了注册（0 表示否，1 表示是）。

我们可以对原始数据进行聚合，得到以下两组数据：

```
users_exposed_to_A = []
users_exposed_to_B = []
# create two lists to hold the results of each individual website
```

创建了以上两个列表后，就可以存储用户注册情况的布尔型统计结果。我们对所有的测试结果进行迭代，将每个结果分派到相应的类别中，如下所示：

```
for website, converted in results: # iterate through the results
  # will look something like website == 'A' and converted == 0
  if website == 'A':
    users_exposed_to_A.append(converted)
  elif website == 'B':
    users_exposed_to_B.append(converted)
```

现在，每个列表都包含了若干个 1 和 0。

 请记住，1 表示用户在访问了网页后进行了注册。0 表示用户在访问了网页后，直接离开，没有进行注册。

为了计算网页的访问用户数，我们使用 Python 的 len()方法，如下所示：

```
len(users_exposed_to_A) == 188 #number of people exposed to website A
len(users_exposed_to_B) == 158 #number of people exposed to website B
```

为了计算注册用户数，我们使用 Python 的 sum()方法，如下所示：

```
sum(users_exposed_to_A) == 54 # people converted from website A
sum(users_exposed_to_B) == 48 # people converted from website B
```

我们用列表的长度（总用户数）减去列表元素之和（注册用户数），得到的是没有注册的用户数，如下所示：

```
len(users_exposed_to_A) - sum(users_exposed_to_A) == 134 # did not
convert from website A
```

```
len(users_exposed_to_B) - sum(users_exposed_to_B) == 110 # did not
convert from website B
```

对上述统计结果进行整理和汇总后,我们得到了 *A/B* 测试的结果,如表 7.1 所示。

表 7.1 　　　　　　　　　　　　　　 *A/B* 测试的结果

	未注册	注册
网页 *A*	134	54
网页 *B*	110	48

我们可以快速计算每个网页的转化率:

● 　网页 *A* 的转化率:54/(134+54)=0.288。

● 　网页 *B* 的转化率:48/(110+48)=0.300。

网页 *A* 和 *B* 的转化率确实有所不同,但差异不大。网页 *B* 的转化率看起来高于 *A*,我们是否可以认为网页 *B* 的转化率显著高于网页 *A* 呢?不可以!为了得到 *A/B* 测试的**统计显著性(statistical significance)**,我们需要对其进行假设检验。在下一章,我们将对各种假设检验方法进行详细介绍,也会采用最合适的假设检验方法继续研究本案例。

7.3　数据抽样

统计指标体现的是总体中某个样本的特征值。接下来,我们将介绍两种最常见的数据抽样方法:概率抽样和随机抽样。我们将重点讨论随机抽样,因为它是最常用的决定样本大小和数据的抽样方法。

7.3.1　概率抽样

概率抽样(probability sampling)指总体中每个元素以给定的概率被抽中。每个元素被抽中的概率既可以相等,也可以不相等。最简单也是最常见的概率抽样方法是**随机抽样(random sampling)**。

7.3.2 随机抽样

假设我们正在进行 A/B 测试，希望将用户分为 A 组和 B 组。以下是 3 个分组建议：

- **根据用户地址进行分类**。西海岸的用户归为 A 组，东海岸的用户归为 B 组。

- **根据用户访问网站时间进行分类**。晚上 7 点至早上 4 点的用户归为 A 组，其余用户归为 B 组。

- **完全随机分类**。每个新用户按照 50/50 的比率，平均分到 A 组和 B 组。

前两种方法确实可以对用户进行分组，也容易实施。但是它们有一个根本的缺陷——面临**样本偏差（sampling bias）**的风险。

当抽取样本的方式对分析结果具有较大影响时，我们称存在样本偏差。

我们很容易解释为什么建议 1 和建议 2 面临样本偏差风险。当我们按照用户的地理位置或者登录时间进行分类时，我们在实验中引入了**干扰因子（confounding factor）**，导致我们对实验结果缺乏掌控力，这可不是一个好消息！

干扰因子指间接影响实验结果的隐性变量。简单理解，干扰因子是未被作为分析对象，但却影响着分析结果的变量。

在本例中，第 1 种分类方法没有考虑到地理因素对 A/B 测试结果的潜在影响。比如，如果网页 A 本身就对西海岸用户没有吸引力，那么西海岸这个地理位置将影响测试结果，导致我们无法区分 A/B 测试结果是由用户地理位置造成的，还是网站本身造成的。

同样地，第 2 种分类方法可能引入的干扰因子是时间。比如，网页 B 在夜间环境的使用效果较好（网页 A 则恰恰相反），导致用户离开网站 A 仅仅是因为访问的时间不合适。这些都是我们需要避免的影响因子。因此，我们使用第 3 种抽样方式——完全随机。

> 建议 1 和建议 2 都会导致样本偏差，因为我们错误地选择了样本，引入了干扰因子，导致有不可控的变量影响实验结果。

随机抽样指总体中每一个元素被抽中的机会是相等的。这是决定样本组成最简单实用的方法。在随机抽样中，总体中的每个元素都有相同的概率成为样本的一员，所以有效避免了引入干扰因子。

7.3.3　不等概率抽样

等概率抽样有没有可能引起样本偏差呢？假设我们想了解员工的幸福指数，我们已经知道不可能对每位员工进行调查，因为这种办法费时、费力，不够聪明，所以我们需要抽取一个样本。数据小组推荐使用随机抽样，小组成员纷纷举手同意，因为他们认为这个方法非常聪明，听起来也符合"统计学"。然而，小组中有人提出了一个善意的疑问："有谁知道员工的男女组成比例？"

刚才举手同意的人陷入沉默，纷纷放下举起的手。

这个问题非常重要，因为性别确实是一个干扰因子。数组小组研究后发现，公司员工中男性占比 75%，女性占比 25%。这意味着如果我们使用随机抽样，样本会有同样的偏倚——明显偏向男性。

为了防止出现这种情况，我们可以刻意在样本中增加女性的数量，以使样本的性别构成趋向平衡。表面上看，在随机抽样中引入偏好并不是一个好主意，但在实际应用中，轻度使用不等概率抽样，消除性别、种族、残疾等系统性偏差是非常必要且恰当的。

总而言之，等概率抽样得到的简单随机样本会降低一部分人群的声音和观点，在抽样中适当引入偏好是有必要的。

7.4　如何描述统计量

一旦我们得到了样本，就可以量化统计结果。假设我们想确定员工满意度是否和员工的薪酬高低有关，以下是一些常用的统计量。

7.4.1　测度中心

我们定义数据集的中心为**测度中心（measure of center）**。测度中心是对（大型）数据集进行归纳、概括，以便能够方便地进行交流的一种方式。比如，西雅图平均的降雨量和欧洲男性的平均身高都可以用对应数据集的测度中心表示。

测度中心是位于数据集"中间位置"的值。然而，不同人对"中间位置"有不同的理解。因此，测度中心有多种计算方法，以下就是其中几种计算方式。

第一种测度中心叫**算术平均值（arithmetic mean）**。算术平均值等于数据集中所有元素之和除以元素的个数，它是最常用的测度中心，但也有缺点。比如以下的代码：

```
import numpy as np
np.mean([11, 15, 17, 14]) == 14.25
```

数据集的平均值是 14.25，所有的数据点都非常接近平均值。但是，如果我们新增一个数据点 31，会发生什么变化呢？

```
np.mean([11, 15, 17, 14, 31]) == 17.6
```

数据集的平均值变为 17.6。可见，新增加的数据点对数据集的平均值产生了较大影响。这是因为算术平均值对**离群值（outliers）**非常敏感。31 几乎是数据集中其他值的两倍，因此它使平均值发生了较大变化。

另一个常用的测度中心是**中位数（median）**。中位数是已排序数据集中处于中间位置的值。

```
np.median([11, 15, 17, 14]) == 14.5
np.median([11, 15, 17, 14, 31]) == 15
```

我们注意到，在数据集中增加 31 并没有对中位数产生较大影响。这是因为中位数对离群值不敏感。

简单总结，当数据集有较多离群值时，使用中位数作为测度中心比较合理。相反，如果数据集没有较多离群值，且数据点较为集中，那么使用平均值作为测度中心就是一个较好的选择。

但是，有了测度中心后，我们如何描述数据集的离散情况呢？答案是使用**变异测度（measure of variation）**。

7.4.2　变异测度

测度中心用于量化数据的中心，接下来我们将介绍测量数据离散程度的方法。这是识别数据集中潜在离群值的非常有效的方法。我们从一个具体案例开始。

假设我们随机抽取 24 个 Facebook 用户作为样本，并统计他们的 Facebook 好友数。整理后的数据如下：

```
friends = [109, 1017, 1127, 418, 625, 957, 89, 950, 946, 797, 981,
125, 455, 731, 1640, 485, 1309, 472, 1132, 1773, 906, 531, 742, 621]

np.mean(friends) == 789.1
```

列表的平均值是 789。因此根据此样本，我们可以认为每个 Facebook 用户平均拥有的好友数量是 789 个。但是，在那些有 89 个好友或者 1 600 个好友的人看来，这个数字并不合理。事实上，只有极个别用户的好友数接近 789。

既然这样，那我们试试中位数，因为中位数不会受离群值的影响，如下所示：

```
np.median(friends) == 769.5
```

列表的中位数是 769.5，非常接近平均值。虽然用中位数代替平均值的想法很不错，但遗憾的是中位数仍然无法体现数据点之间的巨大差异。事实上，统计学家专门用变异测度衡量数据点之间的差异。最简单的变异测度是**区间（range）**。区间等于数据集最大值减去最小值，如下所示：

```
np.max(friends) - np.min(friends) == 1684
```

区间量化了两个极值（最大值和最小值）之间的距离。实际上，区间在实践中的应用场景较少，但仍有其重要作用。比如在涉及科学测量和安全测量的场景之中，我们可能会非常关心离群值的离散程度。

假设汽车厂商希望测量安全气囊打开所花费的时间。虽然也可以用平均值进行衡量，但汽车厂商同样关心安全气囊打开所需的最长时间和最短时间，因为这意味着生和死的区别！

回到 Facebook 案例中，我们已经知道数据集的区间是 1 684，但我们仍不确定它是不是描述数据分散程度的最好指标。下面，我们将介绍最常用的变异测度——**标准差（standard deviation）**。

我相信很多人都曾听过标准差，有些人甚至对这个词有一定程度的恐惧感。标准差究竟意味着什么呢？当我们分析总体的某个样本时，标准差（用符号 s 表示）用于量化数据点偏离样本算术平均值的程度。

标准差其实是描述数据分散程度的一种指标。计算标准差的通用公式是：

$$s = \sqrt{\frac{\sum (x - \bar{x})^2}{n - 1}}$$

其中：

● s 是样本的标准差；

● x 是样本的数据点；

● $\bar{x}$ 是样本的均值；

● n 是样本所含数据点的数量。

在你被公式搞糊涂之前，我先对标准差公式进行讲解。我们先用样本中的每一个值减去样本的算术平均值，再将所有的差值分别平方后相加，然后除以样本数据点的数量 n，最后开平方，即可得到样本的标准差。

除了分析标准差公式之外，我们还可以这样理解标准差。标准差公式派生于距离公式，因此，标准差本质上是计算数据点和算术平均值之间某种平均距离的公式。

我们再次仔细观察标准差公式，你会发现这是有道理的。

（1）$x - \bar{x}$，我们得到数据点和样本均值的差异；

（2）$(x - \bar{x})^2$，我们为离群值赋予了更多权重，因为平方让差异变得更大；

（3）对上一步得到的值相加后除以样本元素数量 n，我们得到了每个数据点和样本均值的平均平方距离；

（4）对上一步得到的值开平方，我们将结果转化为能够接受的尺度。因为我们在第 2 步将数据尺度变成了好友数的平方，对结果开平方后，又让数据尺度恢复到了和之前一致的尺度。

回到 Facebook 案例，我们借助图形进行可视化的讲解。首先从计算标准差入手。我们已经知道数据集的算术平均值是 789，所以将 789 作为计算标准差的均值。

我们首先计算每个数据点和均值的差，先各自平方后相加，再除以某个很小的数值，最后开平方。计算过程如下：

$$s = \sqrt{\frac{(109-789)^2 + (1017-789)^2 + \cdots + (621-789)^2}{24}}$$

我们也可以用 Python 编程计算（效率更高）。

```
np.std(friends) # == 425.2
```

425 表示样本数据的离散程度。换言之，我们可以认为 425 是每个数据点和均值间的平均距离。显然，样本数据非常分散！大家拥有的 Facebook 好友数量并不接近某个值——包括均值。

下面我们用条形图可视化展示样本数据、均值和标准差，以便更清晰地观察样本特征。如图 7.1 所示，每个柱子表示一个用户，柱子的高度表示该用户的好友数量。

```
import matplotlib.pyplot as plt
%matplotlib inline
y_pos = range(len(friends))

plt.bar(y_pos, friends)
plt.plot((0, 25), (789, 789), 'b-')
plt.plot((0, 25), (789+425, 789+425), 'g-')
plt.plot((0, 25), (789-425, 789-425), 'r-')
pit.show()
```

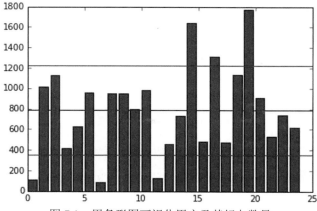

图 7.1　用条形图可视化用户及其好友数量

图 7.1 中蓝色横线为均值（789），红色横线为均值减去标准差（789-425=364），绿色横线为均值加上标准差（789+425=1214）。

我们注意到图 7.1 中大部分柱子都位于绿色横线和红色横线之间，离群值则在该区域之外，其中位于红色横线下方和绿色横线上方的离群值各有 3 个。

需要强调的是标准差的单位和数据集本身的单位是一致的。所以，我们可以认为 Facebook 好友数的标准差是 425 个好友。

 另一种变异测度是之前介绍过的方差。方差和标准差的区别在于是否平方。

标准差和方差都可以衡量数据集的分散程度，它们和测度中心一起，构成了一组描述数据集特征的指标。但是，如果我们想比较两个不同数据集，甚至数据尺度完全不同的两个数据集的离散程度，该怎么办呢？此时就需要使用**变异系数（coefficient of variation）**。

7.4.3 变异系数

变异系数是样本标准差除以样本均值得到的比率。

通过该比率，我们可以对标准差进行标准化，从而对多个数据集进行横向比较。我们经常用这个指标对比数据尺度不同的样本的均值和分布情况。

案例：员工薪酬

当我们试图对比不同部门员工薪酬的标准差和均值时，很容易发现，很难直接进行对比！比如表 7.2，Mailroom 部门平均薪酬是 25 000 美元，Executive 部门平均薪酬是 124 000 美元，两者相差了一个数量级。

表 7.2 　　　　　　　　　　　　员工薪酬表

部门	平均薪酬	标准差	变异系数
Mailroom	$25 000	$2 000	8.0%
Human Resources	$52 000	$7 000	13.5%
Executive	$124 000	$42 000	33.9%

但是，通过最后一列变异系数我们可以发现，虽然 Executive 部门的人均薪酬较高，但薪酬差异也最大。这很可能是因为 CEO 的薪酬远远高于普通管理人员——虽然他们也属于管理部门，但是导致数据分布较广。反过来，虽然 Mailroom 部门的平均薪酬并不太高，但变异系数只有 8%，说明部门员工间的薪酬相差不大。

总之，通过变异测度，我们可以研究数据集更多的特征，找出能够包含大部分数据点的合理区间。

7.4.4　相对位置测度

我们可以将测度中心和变异测度结合在一起，生成**相对位置测度**（**measure of relative standing**）。相对位置测度用于度量数据点相对于整个数据集的位置。

下面我们要学习统计学中最重要的统计量之一：**z 分数**（**z-score**）。

z 分数用于描述单个数据点和均值之间的距离。数据点 x 的 z 分数计算方法如下：

$$z = \frac{x - \bar{x}}{s}$$

其中：

● x 是样本中的数据点；

● $\bar{x}$ 是样本均值；

● s 是样本标准差。

我们曾说，标准差近似于数据点和均值之间的平均距离。那么现在，z 分数则是每个数据点到均值的距离。z 分数是标准化后的数据点到均值的距离，数据点减去均值，再除以标准差即可得到 z 分数。

在统计学中，我们经常使用 z 分数，它是将不同尺度数据正态化的一种非常重要的方式。下面我们用 z 分数对 Facebook 好友案例进行标准化。我们将通过以上公式计算每个用户的 z 分数，如下所示：

```
z_scores = []
m = np.mean(friends) # average friends on Facebook
```

```
s = np.std(friends) # standard deviation friends on Facebook

for friend in friends:
z=(friend-m)/s #z-score
z_scores.append(z)#make a list of the scores for plotting
plt.bar(y_pos, z_scores)
```

图 7.2 是使用 z 分数做成的柱形图，其中每一个柱子代表一个用户，柱子的高度由之前的好友数替换为对应的 z 分数。我们可以发现：

● 图中有负值（意味着数据点位于均值下方）；

● 柱子的高度不再表示好友数，而是好友数和均值的差异程度。

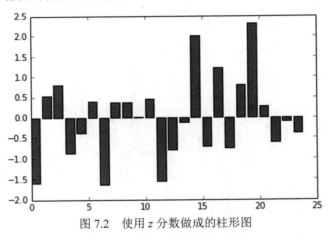

图 7.2　使用 z 分数做成的柱形图

同时，通过图 7.2，我们可以非常快速地找出好友数比平均值多或少的人。比如，横坐标 0 对应的人拥有的好友数低于平均值（他/她只有 109 个好友，均值是 789 个）。

我们之前曾绘制了 3 条辅助线：一条均值线，一条均值加标准差，一条均值减标准差。当我们将这些值加入到 z 分数公式会出现：

$$\overline{x}\ 的\ z\ 分数 = \frac{\overline{x} - \overline{x}}{s} = \frac{0}{s} = 0。$$

$$\overline{x} + s\ 的\ z\ 分数 = \frac{(\overline{x} + s) - \overline{x}}{s} = \frac{s}{s} = 1。$$

$$\overline{x} - s\ 的\ z\ 分数 = \frac{(\overline{x} - s) - \overline{x}}{s} = \frac{-s}{s} = -1。$$

这不是巧合！当我们用 z 分数方法对数据集进行标准化时都会出现这种情况。下面我们在图 7.2 中加入 3 条辅助线：

```
plt.bar(y_pos, z_scores)
plt.plot((0, 25), (1, 1), 'g-')
plt.plot((0, 25), (0, 0), 'b-')
plt.plot((0, 25), (-1, -1), 'r-')
```

如图 7.3 所示，上面的代码在图形中增加了 3 条横线：

● 蓝色横线（y=0）表示和均值相差 0 个标准差；

● 绿色横线指比均值高 1 个标准差；

● 红色横线指比均值低 1 个标准差。

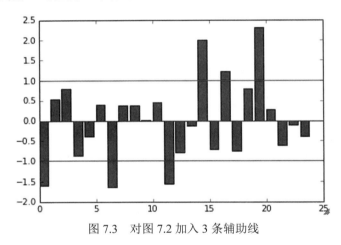

图 7.3　对图 7.2 加入 3 条辅助线

3 条横线在图中的相对位置和使用好友数绘制的图形（图 7.1）非常相似。仔细观察不难发现，高于绿色横线和低于红色横线的还是之前那 6 个用户。

● 位于红色横线之下和绿色横线之上的人，和均值的差异超过一个标准差；

● 位于红色横线和绿色横线之间的人，和均值的差异低于一个标准差。

z 分数是对数据标准化的重要方法，这意味着我们可以将整个数据集转换为同一尺度。比如，对于 Facebook 案例中出现的用户，假设我们有他们的幸福指数（介于 0~1），数据如下：

```
friends = [109, 1017, 1127, 418, 625, 957, 89, 950, 946, 797, 981,
125, 455, 731, 1640, 485, 1309, 472, 1132, 1773, 906, 531, 742, 621]

happiness = [.8, .6, .3, .6, .6, .4, .8, .5, .4, .3, .3, .6, .2, .8,
1, .6, .2, .7, .5, .3, .1, 0, .3, 1]
import pandas as pd

df = pd.DataFrame({'friends':friends, 'happiness':happiness})
df.head()
```

如图 7.4 所示，数据集有两个不同尺度的列，friends 列最大值超过 1 000，happiness 列值则介于 0～1。

为解决这一差异，我们使用 scikit-learn 内置的数据预处理包对数据集进行简单的标准化，如下所示：

```
from sklearn import preprocessing

df_scaled = pd.DataFrame(preprocessing.scale(df), columns = ['friends_
scaled', 'happiness_scaled'])

df_scaled.head()
```

以上代码将 friends 和 happiness 列同时压缩到相同尺度。sklearn 的 preprocessing 模块在执行过程中，对每一列分别执行以下操作：

（1）计算该列的均值；

（2）计算该列的标准差；

（3）对该列每个元素进行 z 分数标准化。

代码运行后得到两列处于相同尺度的新列，如图 7.5 所示。

	friends	happiness
0	109	0.8
1	1 017	0.6
2	1 127	0.3
3	418	0.6
4	625	0.6

图 7.4　有两个不同尺度的数据集

	friends_scaled	happiness_scaled
0	-1.599495	1.153223
1	0.536040	0.394939
2	0.794750	-0.742486
3	-0.872755	0.394939
4	-0.385909	0.394939

图 7.5　标准化后得到新列

下面我们用新生成的列绘制散点图，如图 7.6 所示。

```
df_scaled.plot(kind='scatter', x = 'friends_scaled', y = 'happiness_
scaled')
```

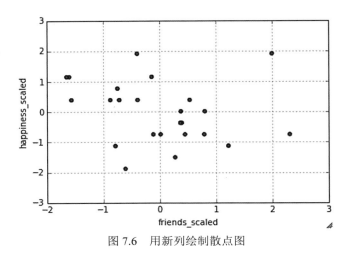

图 7.6　用新列绘制散点图

通过 z 分数将数据标准化后，我们得到了可以进一步分析的散点图。

在随后的章节，你将发现数据标准化的作用不仅仅在于提高数据的可读性，也是模型优化的必要手段之一，因为很多机器学习算法对数据尺度非常敏感，需要我们提前对数据进行标准化。

从数据中获得洞察：相关性

在本书中，我们将讨论"拥有数据"和"从数据中获得洞察"的区别。拥有数据只是成功进行数据科学过程的第一步。获取数据、清洗数据以及对数据可视化，只能帮你更好地用数据讲故事，不能揭示更深层次的问题。为了对 Facebook 数据做更深入的分析，我们将寻找用户好友数和幸福指数之间的关系。

在随后的章节，我们将用机器学习算法——线性回归，发掘量化特征之间的关系，但我们不需要等到那时才提出假设。我们已经对 Facebook 用户进行了抽样，统计了他们的社交情况和幸福指数。请问，我们能否找出好友数和幸福指数之间的关系？

这是一个严肃的问题，需要认真对待。严谨地回答这个问题需要在实验室情境下进行，但是我们可以先从提出一个假设开始。

结合已知的数据，我们有以下 3 种观点：

- 好友数和幸福指数正相关（一个上升，另一个也上升）；

- 好友数和幸福指数负相关（一个上升，另一个下降）；

- 好友数和幸福指数没有任何相关性（一个变化，另一个基本不变）。

我们是否可以用简单的统计学知识回答以上问题呢？我认为可以。我们需要先引入一个新的概念——**相关系数（correlation coefficients）**。

相关系数是描述两个变量之间相关性强弱关系的量化指标。

两个数据集间的相关性描述了两者的变化关系。这一概念不仅在本例中非常重要，也是机器学习模型的核心假设之一。对于大部分预测算法，它们能够正常工作的前提是变量之间确实存在某种关系或相关性。机器学习算法通过寻找这种关系进行准确的预测。

相关系数的一些重要的内容如下。

- 相关系数值介于-1～1。

- 相关系数绝对值越大（接近-1 或 1），变量间的相关性越强。

  ○　最强的相关性为-1 和 1。

  ○　最弱的相关性为 0。

- 正相关意味着一个指标增加，另一个指标也增加。

- 负相关意味着一个指标增加，另一个指标却下降。

我们使用 Pandas 快速计算各个特征之间的相关系数，如下所示：

```
# correlation between variables
df.corr()
```

图 7.7 体现了好友数和幸福指数之间的相关性，请注意图中以下两个特征：

- 矩阵对角线位置的单元格均为正相关（相关系数为

	friends	happiness
friends	1.000000	-0.216199
happiness	-0.216199	1.000000

图 7.7　好友数和幸福指数之间的相关性

1）。这是因为它们表示变量和变量自身的相关性，因此形成了完美的一条斜线。

● 矩阵中对角线两边的单元格完全对称。这对任何用 Pandas 计算的相关性矩阵都成立。

你需要牢记一些关于相关性的告诫。首先，变量之间的相关性通常以线性关系（linear relationship）进行计算。这意味着即便变量的相关系数为零，也不能说明变量不存在任何关系，而只能说明变量间没有线性关系，变量间可能着存在非线性关系（non-linear relationship）。

另外，变量间的相关性不等同于因果关系。虽然好友数和幸福指数呈微弱的负相关性，但并不意味着好友数的增加导致了幸福指数的减少。因果关系必须通过假设验证进行确认。在随后的章节，我们将介绍具体的验证方法。

简单总结，我们可以利用相关性对变量间的关系进行假设检验，但我们还需要更多复杂的统计学方法和机器学习算法，以便对假设进行验证。

7.5　经验法则

我们之前曾说，正态分布是一种呈钟形曲线的特殊概率分布。在统计学中，我们非常喜欢数据集呈正态分布！如果样本呈正态分布，那么它的形状如图 7.8 所示。

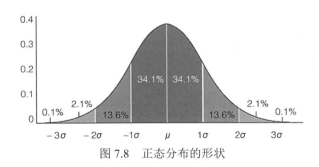

图 7.8　正态分布的形状

经验法则（the empirical rule） 指我们可以推算出标准正态分布中每个标准差区间所含的数据量。比如，根据经验法则：

- 接近 68% 的数据点和均值相差 1 个标准差以内；

- 接近 95% 的数据点和均值相差 2 个标准差以内；

- 接近 99.7% 的数据点和均值相差 3 个标准差以内。

下面我们看 Facebook 好友数据是否具有以上特征。我们用 DataFrame 分别找出和均值相差 1 个、2 个和 3 个标准差的百分比。

```
# finding the percentage of people within one standard deviation of
the mean
within_1_std = df_scaled[(df_scaled['friends_scaled'] <= 1) & (df_
scaled['friends_scaled'] >= -1)].shape[0]
within_1_std / float(df_scaled.shape[0])
# 0.75
```

```
# finding the percentage of people within two standard deviations of
the mean
within_2_std = df_scaled[(df_scaled['friends_scaled'] <= 2) & (df_
scaled['friends_scaled'] >= -2)].shape[0]
within_2_std / float(df_scaled.shape[0])
# 0.916
```

```
# finding the percentage of people within three standard deviations of
the mean
within_3_std = df_scaled[(df_scaled['friends_scaled'] <= 3) & (df_
scaled['friends_scaled'] >= -3)].shape[0]
within_3_std / float(df_scaled.shape[0])
# 1.0
```

从计算结果可以看出，数据集并不符合经验法则。接近 75% 的用户和均值相差 1 个标准差以内，接近 92% 的用户和均值相差 2 个标准差以内，所有用户和均值的距离都不超过 3 个标准差。

案例：考试成绩

假设考试成绩呈正态分布，平均成绩 84 分，标准差 6 分。我们可以近似地认为：

- 接近 68% 的人成绩在 78～90 分，因为 78、90 分别和 84 相差 1 个标准差；

● 假如我们想知道成绩介于 72～96 分的比例，由于 72、96 恰好和 84 相差 2 个标准差，那么根据经验法则，接近 95% 的人成绩位于这个区间。

但是在现实生活中，并不是所有的数据都呈正态分布，因此经验法则并不能解决所有问题。我们有另一种理论可以帮助我们分析任何一种分布。在下一章，我们将深入研究何时可以假设数据呈正态分布，因为统计检验和假设要求源数据呈正态分布。

　当我们用 z 分数方法对数据进行标准化时，并不要求数据呈正态分布。

7.6　总结

本章中，我们介绍了数据科学家经常使用的统计学知识。从如何获取数据，如何对总体进行抽样，到如何用 z 分数方法对数据进行标准化，最后介绍了经验法则。

在下一章中，我们将介绍更高级的统计学知识，包括如何检验数据是否呈正态分布。同时，通过假设检验量化误差，找出解决误差的最佳方法。

第 8 章
高等统计学

我们希望通过特定的样本数据，推断出总体的特征。为了做到这一点，我们需要使用假设检验等方法，评估样本对总体的描述情况。

本章的主题主要有：

- 点估计（point estimates）。

- 置信区间（confidence intervals）。

- 中心极限定理（central limit theorem）。

- 假设检验（hypothesis testing）。

8.1 点估计

我们在上一章中提到，获得总体参数非常困难，甚至是难以实现的，所以我们通过计算样本的统计量得到总体参数。我们将通过以上方式估计参数值的方法，叫作**点估计**（**point estimates**）。

点估计指通过样本数据估计总体参数。

我们可以使用点估计的方法对总体均值、方差等统计量进行估计。为了得到估计值，我们只需将被计算对象由总体变为样本即可。比如，某公司有 9 000 名员工，我们希望知道每位员工平均每天休息的时长。我们可以从 9 000 人中抽取一个样本，计算样本的平均值。样本平均值就是我们的点估计。

下面我们通过 Python 模拟总体数据，规则如下。

（1）根据第 6 章"高等概率论"，如果已知事件的平均值，那么通常使用**泊松随机变量（poisson random variable）**对事件进行建模。因此，我们用泊松分布随机生成 9 000 个调查问卷的答案：你平均每天休息的时长是多少？

 请注意，总体的均值一般很难直接获取。本例计算总体的均值是为了将总体参数和样本做比较，以便你更深入地理解点估计。

（2）从总体中随机抽取 100 名员工组成样本（使用 Python 的随机抽样方法），计算样本均值（总体均值的点估计）。

（3）对比样本均值和全体均值。

 请注意，样本大小占总体的比例略高于 1%。

下面是 Python 代码：

```
import pandas as pd
import numpy as np
import scipy.stats as stats
%matplotlib inline
np.random.seed(1234)

long_breaks = stats.poisson.rvs(loc=10, mu=60, size=3000)
# represents 3000 people who take about a 60 minute break
```

变量 long_breaks 代表 3 000 名员工的调查问卷结果，他们的平均休息时长是 60min。我们用直方图查看数据的分布情况：

```
pd.Series(long_breaks).hist()
```

如图 8.1 所示，平均值 60 位于分布的左侧，最高的柱子对应的人数在 700～800。

下面我们继续用泊松分布模拟另外 6 000 名员工的调查问卷结果，他们的平均休息时长为 15 min，代码如下：

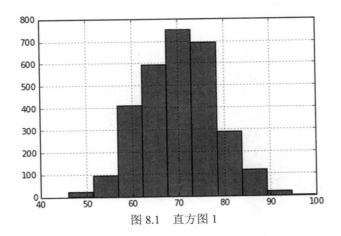

图 8.1　直方图 1

```
short_breaks = stats.poisson.rvs(loc=10, mu=15, size=6000)
# represents 6000 people who take about a 15 minute break
pd.Series(short_breaks).hist()
```

如图 8.2 所示，平均值 15 同样位于分布的左侧，最高的柱子对应的人数略微超过 1 600。

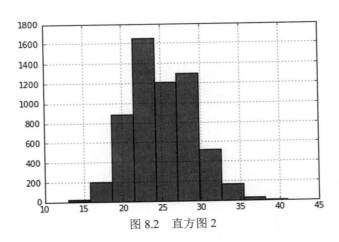

图 8.2　直方图 2

我们分别有了平均休息时长较长（60 min）和较短（15 min）的两个分布，下面将它们合并在一起，得到总体。代码如下：

```
breaks = np.concatenate((long_breaks, short_breaks))
# put the two arrays together to get our "population" of 9000 people
```

变量 breaks 是 long_breaks 和 short_breaks 合并后的总体，它的分布情况如下：

```
pd.Series(breaks).hist()
```

图 8.3 中有两个隆起，左边隆起的柱子来自平均休息时长 15min 的员工，右边隆起的柱子来自平均休息时长 60min 的员工。

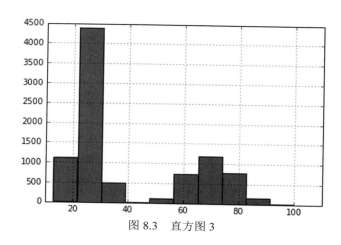

图 8.3   直方图 3

```
breaks.mean()
# 39.99 minutes is our parameter.
```

我们的总体是 9 000 名员工，总体的参数是 40min。

请记住，在现实世界中，多方面的原因导致我们没有足够资源调查每位员工的休息时长，所以才需要使用点估计的方法，对总体参数进行估计。

下面我们随机抽取 100 人，计算他们的平均休息时长：

```
sample_breaks = np.random.choice(a = breaks, size=100)
# taking a sample of 100 employees
```

下面我们计算样本均值，并将它和全体均值相减，对比两者的差异：

```
breaks.mean() - sample_breaks.mean()
# difference between means is 4.09 minutes, not bad!
```

差异不大，这非常有意思！因为样本数量只占总体的 1/9（100/9 000），但估计的参数值和真实参数值的差异只有 4min。

我们还可以用同样方法估计总体的**比例（proportion）**。比例指两个数值的比率。

假设公司有 10 000 名员工，其中白人 20%，黑人 10%，西班牙人 10%，亚洲人 30%，剩余 30% 来自其他地方。我们随机选取由 1 000 人组成的样本，对比总体和样本的种族比例是否接近。

```
import random
employee_races = (["white"]*2000) + (["black"]*1000) +\
                 (["hispanic"]*1000) + (["asian"]*3000) +\
                 (["other"]*3000)
```

下面从总体中随机选取 1 000 人，代码如下：

```
demo_sample = random.sample(employee_races, 1000) # Sample 1000
values

for race in set(demo_sample):
    print( race + " proportion estimate:" )
    print( demo_sample.count(race)/1000. )
```

输出结果如下：

```
hispanic proportion estimate:
0.103
white proportion estimate:
0.192
other proportion estimate:
0.288
black proportion estimate:
0.1
asian proportion estimate:
0.317
```

从以上结果可以看出，种族比例的估计值和总体的真实分布非常接近。比如，样本中西班牙人的比例是 10.3%，总体中西班牙人的比例是 10%。

8.2 抽样分布

在第 7 章中，我们提到有多喜欢呈正态分布的数据！其中一个重要原因是很多假设检验（包括本章使用的方法）都要求数据服从正态分布。遗憾的是现实世界中大部分数据并不服从正态分布（吃惊吗？）。以员工休息时长数据为例，你可能认为我是随机选取了泊松分布，但实际上我是刻意的——我希望得到非正态分布数据。

```
pd.DataFrame(breaks).hist(bins=50,range=(5,100))
```

从图 8.4 可以看出，数据不服从正态分布，看起来像是**双峰分布（bi-modal）**，两个凸起点分别位于 25min 和 70min 附近。由于数据不呈正态分布，所以很多常用的统计检验都无法使用。但是，我们有办法将以上数据转换为正态分布！是不是认为我疯了？好吧，自己来看吧。

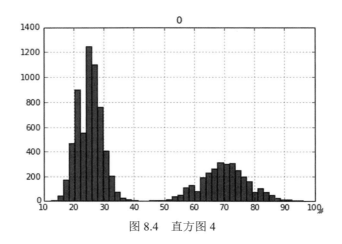

图 8.4　直方图 4

首先，我们需要了解什么是**抽样分布（sampling distribution）**。抽样分布是多个大小相同的样本的点估计的分布。我们通过以下方法模拟抽样分布：

（1）随机生成 500 个样本，每个样本大小为 100；

（2）对以上 500 个点估计做直方图（看看它们的分布）。

虽然样本大小 100 是随意确定的，但它需要足够大，以体现总体的分布特征。样本数量 500 也是随意确定的，但它也需要足够大，以便能够生成正态分布。

```
point_estimates = []

for x in range(500): # Generate 500 samples
    sample = np.random.choice(a= breaks, size=100)
    #take a sample of 100 points
```

```
    point_estimates.append( sample.mean() )
    # add the sample mean to our list of point estimates
```

```
pd.DataFrame(point_estimates).hist()
# look at the distribution of our sample means
```

看到了吧！虽然我们的原始数据是双峰分布，但样本均值的抽样分布是正态分布。请注意，图 8.5 是 500 个随机样本的平均休息时间分析，每个样本含有 100 人。换句话说，抽样分布是多个点估计的分布。

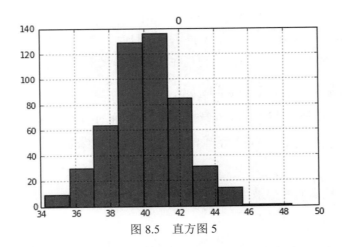

图 8.5　直方图 5

抽样分布之所以呈正态分布是因为**中心极限定理（central limit theorem）**。

随着我们增大样本的数量，抽样分布（点估计的分布）将逐渐趋向正态分布。而且，随着样本数量越来越多，样本均值的分布将越来越接近真实的均值，如下所示：

```
breaks.mean() - np.array(point_estimates).mean()
# 0.047 minutes difference
```

这是一个非常有意思的结果。根据中心极限定理，我们通过多个点估计得到的值比单个点估计更接近真实值。

　通常来讲，随着我们增大样本的数量，估计值将逐渐接近真实值。

8.3　置信区间

虽然点估计可以估算总体的参数和抽样分布，但仍然存在两个重要问题：

（1）单个点估计非常容易出错（由于样本偏差等原因）；

（2）计算多个固定大小样本的抽样分布是不可行的，有时甚至比直接计算总体参数还难。

正因为如此，我们引入统计学中非常重要的一个概念——置信区间（**confidence intervals**）。置信区间是一个区间值，是指在给定置信水平下，该区间将包含总体参数。

置信水平是高等统计学最重要的概念之一，它经常被误解。非正式地说，置信水平并不是结果"正确的概率"，相反，它表示结果"准确的频率"。比如，假设我们希望每一次点估计都能以 95% 的概率得到准确的总体参数，那么置信水平需要设置为 95%。

 较高的置信水平将导致置信区间变得更广。

为了得到置信区间，我们需要找到点估计和**误差幅度（margin of error）**。误差幅度指我们能接受的点估计的误差范围，它依赖于置信区间、数据的方差和样本大小。有很多方法可以计算置信区间，为了简单起见，我们将用最简单的方法计算总体均值的置信区间。

为了计算置信区间，我们需要：

- 点估计，比如样本的平均休息时长。

- 总体标准差的估计值，它表示数据的离散程度。

  ○　通过样本标准差除以总体大小的平方根计算。

- 自由度（样本大小减 1）。

以上数据可能看起来有点随意，但请相信我，这都是有原因的。我将用 Python 内置的模块计算置信区间，代码如下：

```
sample_size = 100
# the size of the sample we wish to take

sample = np.random.choice(a= breaks, size = sample_size)
# a sample of sample_size taken from the 9,000 breaks population from
before

sample_mean = sample.mean()
# the sample mean of the break lengths sample

sample_stdev = sample.std()
# sample standard deviation

sigma = sample_stdev/math.sqrt(sample_size)
# population standard deviation estimate

stats.t.interval(alpha = 0.95,          # Confidence level 95%
                 df= sample_size - 1, # Degrees of freedom
                 loc = sample_mean,   # Sample mean
                 scale = sigma)       # Standard deviation
# (36.36, 45.44)
```

再次强调，区间 36.36 至 45.44 是置信水平为 95%时，平均休息时长的置信区间。我们知道总体的参数是 39.99。显然，置信区间包含了总体的参数。

我们之前曾经说置信水平不是区间准确的百分比，而是区间包含总体参数的概率。

为了更好地理解置信水平，下面我们计算 10 000 个置信区间，然后计算总体参数包含在置信区间的概率。首先，我们创建一个生成置信区间的函数，如下所示：

```
# function to make confidence interval
def makeConfidenceInterval():
    sample_size = 100
    sample = np.random.choice(a= breaks, size = sample_size)

    sample_mean = sample.mean()
    # sample mean

    sample_stdev = sample.std()
    # sample standard deviation
```

```
    sigma = sample_stdev/math.sqrt(sample_size)
    # population Standard deviation estimate

    return stats.t.interval(alpha = 0.95, df= sample_size - 1, loc =
sample_mean, scale = sigma)
```

然后再通过一段程序，检验该置信区间包含总体参数 39.99 的概率：

（1）生成 10 000 个样本的置信区间；

（2）计算置信区间包含总体参数的次数；

（3）用置信区间包含总体参数的次数除以 10 000。

```
times_in_interval = 0.
for i in range(10000):
    interval = makeConfidenceInterval()
    if 39.99 >= interval[0] and 39.99 <= interval[1]:
    # if 39.99 falls in the interval
        times_in_interval += 1

print times_in_interval / 10000
# 0.9455
```

成功啦！结果显示，接近 95% 的置信区间都包含了总体均值，说明通过点估计和置信区间估计总体参数是一个相对简单和有效的统计推理。

下面我们来看随着置信水平的改变，置信区间大小如何变化。我们将计算不同置信水平对应的置信区间大小的差异。我们预期随着置信水平的提高，置信区间将随之增大，以提高包含总体参数的概率。

```
for confidence in (.5, .8, .85, .9, .95, .99):
    confidence_interval = stats.t.interval(alpha = confidence, df=
sample_size - 1, loc = sample_mean, scale = sigma)

    length_of_interval = round(confidence_interval[1] - confidence_
interval[0], 2)
    # the length of the confidence interval

    print "confidence {0} has a interval of size {1}".
format(confidence, length_of_interval)
```

输出结果为：

```
confidence 0.5 has an interval of size 2.56
confidence 0.8 has an interval of size 4.88
confidence 0.85 has an interval of size 5.49
confidence 0.9 has an interval of size 6.29
confidence 0.95 has an interval of size 7.51
confidence 0.99 has an interval of size 9.94
```

从以上结果可以看到，随着置信水平的提高，置信区间确实逐渐增大了。

接下来，我们将用置信区间研究假设检验，一方面扩大这个话题，另一方面用它进行更强大的统计推理。

8.4 假设检验

假设检验（hypothesis tests）是统计学中应用最广泛的检验方法之一。它有多种形式，但目的都是一致的。

假设检验是一种统计学检验，用来确定对于总体中给定的样本，我们是否能够接受某一特定假设。本质上，假设检验是一种关于总体的某种假设的检验。检验的结果将告诉我们是否可以信任原假设，或拒绝原假设，接受备择假设。

你也可以认为，假设检验的核心是确定样本数据的特征是否背离了总体。这项工作现在听起来很难，幸运的是 Python 能拯救我们，它内置的包可以轻松地完成这些检验。

假设检验通常有两个相反的假设，我们称之为**原假设（null hypothesis）**和**备择假设（alternative hypothesis）**。原假设是被检验的假设，也是默认正确的假设，它是实验的出发点。备择假设通常是与原假设相反的假设。假设检验结果将告诉我们哪个假设值得信任，哪个假设需要被拒绝。

假设检验根据样本数据，决定是否应该拒绝原假设。我们通常基于 p 值（依赖于置信水平）做出决定。

一个常见的错误想法是统计学的假设检验被设计用来从两个相似的假设中做选择。这是不正确的。假设检验默认原假设是正确的，除非有足够的数据支持备择假设。

以下是几个可以用假设检验进行回答的问题：

● 平均休息时长是否不等于 40min？

● 使用网页 A 的用户和使用网页 B 的用户是否存在差异（A/B 测试）？

● 样本咖啡豆的味道和总体咖啡豆的味道是否有显著差异？

8.4.1　实施假设检验

假设检验有多种不同的方法，它们的实施方式和指标也各不相同。尽管如此，所有的假设检验都包含以下 5 个最基本步骤。

（1）**明确假设**。

- 我们在这一步形成两个假设：原假设和备择假设。

- 我们通常用符号 H_0 表示原假设，符号 H_a 表示备择假设。

（2）**决定被检验样本的大小**。

- 样本大小取决于被选择的检验类型。样本大小必须合适，并服从中心极限定理和数据正态性假设。

（3）**选择置信水平（通常叫作阿尔法，符号 α）**。

- 通常用 0.05 的显著性水平。

（4）**收集数据**。

- 收集检验所需的样本数据。

（5）**决定是否接受或拒绝原假设**。

- 这一步取决于假设检验的类型。最终结果可能是接受原假设，也可能是放弃原假设，接受备择假设。

本章中，我们将介绍以下 3 种类型的假设检验：

● 单样本 t 检验（one sample t-tests）。

● 卡方拟合度检验（Chi-square test for goodness of fit test）。

● 卡方相关性/独立性检验（Chi-square test for association/independence）。

实际上，还有更多假设检验方法，但以上 3 种是最常用的方法。在选择检验方法时，最需要考虑的因素是被检验数据的类型——连续型数据，还是分类数据。为了让你真正看到假设检验的效果，我们将直接进入案例。

首先，对于连续型数据，我们选择 t 检验。

8.4.2　单样本 t 检验

单样本 t 检验是一种用于检验样本（数值型）是否和另一个数据集（总体或其他样本）具有显著性差异的统计检验方法。我们继续平均每天休息时长案例，用以下代码模拟工程部的平均休息时长：

```
import numpy as np
from scipy import stats
long_breaks_in_engineering = stats.poisson.rvs(loc=10, mu=55,
size=100)

short_breaks_in_engineering = stats.poisson.rvs(loc=10, mu=15,
size=300)

engineering_breaks = np.concatenate((long_breaks_in_engineering,
short_breaks_in_engineering))

print breaks.mean()
# 39.99

print engineering_breaks.mean()
# 34.825
```

其中：

● 此次生成的泊松分布样本较小，只模拟了工程部的 400 人；

● 参数 mu 被设置为 55 而不是之前的 60，以确保工程部的平均休息时长和整个公司不一致。

我们从代码的运行结果很容易看出，工程部的平均休息时长和整个公司有显著差异。但是请你注意，在真实场景下，我们通常无法获取总体和总体参数。为了更好地讲解，本书特意模拟和计算了总体参数，以便我们能够看出样本和总体的差异。

现在，假设我们对总体参数一无所知，需要依靠统计检验方法验证两者是否存在显著性差异。

案例：单样本 t 检验

我们的目标是验证总体（全公司）的平均休息时长是否和工程部门的平均休息时长存在显著性差异。

我们在 95%置信水平上进行单样本 t 检验。理论上说，检验结果将告诉我们样本和总体是否有相同的分布特征。

单样本 t 检验的假设

在实施假设检验之前，我们有必要先了解 t 检验需要满足的条件：

● 总体要满足正态分布，或样本大小至少大于 30；

● 总体大小至少是样本大小的 10 倍，以确保样本是独立随机样本。

请注意，t 检验要求要么总体呈正态分布（我们知道这是不现实的），要么样本含有的数据点超过 30 个，这些条件都是为了确保数据的正态性。同时，t 检验还要求样本独立，这可以通过取少量样本实现。总之，t 检验的基本要求是，样本既要足够大以保持正态性，又要相对总体足够小以保持独立性。这听起来不可思议，不是吗？

下面，我们按照之前介绍的 5 个步骤进行 t 检验。

（1）明确假设。

我们假设 H_0=工程部平均休息时长和公司平均休息时长相同。

请注意，H_0 是我们的**原假设（null hypothesis）**。它是我们在没有数据作支撑时认为成立的假设。与之相对应，我们还有**备择假设（alternative hypothesis）**。

我们有多个备择假设可以选择。比如，我们可以认为工程部的平均值低于或高于公司的平均值，或者不等于公司的平均值。

- 　如果我们想知道工程部的平均值是否不等于公司的平均值，这属于**双尾检验（two-tailed test）**，此时的备择假设如下：

$$H_a=\text{工程部平均休息时长不等于公司平均休息时长}$$

- 　如果我们想知道工程部的平均值低于或高于公司的平均值，这属于**单尾检验（one-tailed test）**，此时的备择假设如下：

$$H_a=\text{工程部平均休息时长低于公司平均休息时长}$$
$$H_a=\text{工程部平均休息时长高于公司平均休息时长}$$

单尾检验和双尾检验的区别在于得到的结果是否需要除以 2。除此之外，两者的检验过程完全一致。本例中，我们选择双尾检验，我们希望知道工程部平均休息时长是否等于公司平均休息时长。

假设检验结果有两种可能：要么接受原假设，也就是说没有足够的证据支持我们拒绝原假设；要么拒绝原假设，接受备择假设，即工程部平均休息时长不等于公司平均休息时长。

（2）决定被检验样本的大小。

大多数检验方法（包括本例）都要求数据呈正态分布，或者样本具有合适的大小：

- 　样本至少含有 30 个数据点（本例中样本有 400 人）；
- 　样本占总体的比例低于 10%（本例中总体有 9 000 人）。

（3）选择显著性水平（通常用 α 表示）。

我们选择显著性水平 95%，这意味着 α 值等于 1−0.95=0.05

（4）收集数据。

这一步已经提前完成！我们用两个泊松分布生成了数据。

（5）决定是否接受或拒绝原假设。

正如之前所说，最后一步随假设检验类型的不同而不同。对于单样本 t 检验，我们需要计算两个值：检验统计量和 p 值。幸运的是在 Python 中，只需要一行代码即可完成这项工作。

检验统计量是根据样本数据计算的一个数值，我们通常根据它决定是否应该拒绝原假设。检验统计量也用于将观测值和原假设预期得到的结果进行比较。

p 值是观测值出现的概率，它通常和检验统计量一起使用。

当有强烈的证据拒绝原假设时，检验统计量通常非常大（正负皆可），p 值通常非常小。这意味着检验结果非常可靠，而不是随机出现的结果。

对于本例使用的 t 检验，t 值就是我们的检验统计量，Python 代码如下：

```
t_statistic, p_value = stats.ttest_1samp(a= engineering_breaks,
popmean= breaks.mean())
t_statistic == -5.742
p_value == .00000018
```

检验结果显示 t 值等于-5.742，它表示原假设中样本均值的偏离程度。p 值用于体现检查结果是否可靠，它是我们最终做出结论的依据。对于本例，如果 p 值等于 0.06，说明我们有 6%的概率得到这个结果，也就是说，有 6%的样本可以得出这样的结果。

我们需要将 p 值和显著性水平进行对比：

● 如果 p 值低于显著性水平，则拒绝原假设；

● 如果 p 值高于显著性水平，则接受原假设。

在本例中，我们的 p 值低于显著性水平 0.05，因此我们拒绝原假设，接受备择假设，即工程部的平均休息时长不等于公司平均休息时长。

 对 p 值的使用存在一些争议。很多出版物已经禁止用 p 值表示显著性，主要原因是 p 值的含义。假设 p 值等于 0.04，那么数据恰好得出该结果的概率是 4%，而不是任何情况下的显著性水平。4%不是一个可以忽略的小数！正因为如此，很多人转向使用其他检验统计量。然而这并不意味着 p 值毫无用处，只说明我们必须谨慎地使用 p 值，弄清楚它究竟意味着什么。

还有其他类型的 t 检验，比如单尾检验、配对检验（paired test）和双样本 t 检验。

它们的具体操作过程可以在其他统计学资料中查看。现在，我们应该看看另一个重要的事情——如果假设检验结果出错会发生什么？

8.4.3 I 型错误和 II 型错误

我们在介绍二元分类器时曾介绍过 I 型错误（type I errors）和 II 型错误（type II errors），它们也同样适用于假设检验。

当原假设正确，但我们却拒绝了原假设时称为 I 型错误，或假阳性（false positive）错误。I 型错误率等于显著性水平 α，这意味着如果我们设置了较高的置信水平，比如 99%，那么出现假阳性错误的概率等于 1%。

当原假设错误，但我们没有拒绝原假设时称为 II 型错误，或假阴性（false negative）错误。我们设置的置信水平越高，越容易遇到假阴性错误。

8.4.4 分类变量的假设检验

t 检验（包括其他几种检验方法）适用于定量数据。下面我们将介绍两种新的检验方法，它们适用于定性数据。这两种检验方法都属于**卡方检验（chi-square tests）**，主要用于：

- 检验样本中的分类变量是否来自某个特定总体（和 t 检验类似）；

- 检验两个分类变量是否彼此影响。

卡方拟合度检验

t 检验用于检验样本均值是否等于总体均值。**卡方拟合度检验（chi-square goodness of fit test）**和 t 检验类似，用于检验样本分布是否符合预期。两者最大的区别在于卡方检验的对象是分类变量。

比如，卡方拟合度检验可以检测你们公司雇员的种族分布是否和美国人口的种族分布一致，或者检验你们的网站用户是否和整个互联网的用户具有相同特征。

当我们处理分类数据时要特别小心，因为诸如"男性（male）""女性（female）"和"其他（other）"之类的分类信息没有任何数学含义。因此我们需要对变量进行计数，而不仅仅是变量本身的含义。

通常情况下，卡方拟合度检验用于：

● 分析总体中的某个分类变量；

● 分析某个分类变量是否符合预期的分布。

对于卡方检验，我们将观察到的结果和希望得到的结果做对比。

卡方拟合度检验的假设条件

卡方拟合度检验需满足以下两个条件：

● 期望频数（expected counts）不低于 5 个；

● 每个观测值都是独立的，且总体大小至少是样本的 10 倍。

第 2 个条件和 t 检验的要求类似，第 1 个条件则看起来比较陌生。

在定义原假设和备择假设时，我们会考虑分类变量的默认分布。比如，假设有一个模具，我们希望知道被检验对象是否来自同一个模具，那么原假设可能是：

$$H_0=分类变量符合特定分布$$
$$p1=1/6,\ p2=1/6,\ p3=1/6,\ p4=1/6,\ p5=1/6,\ p6=1/6$$

备择假设：

$$H_a=分类变量不符合特定分布（至少有 1 个概率值不正确）$$

在 t 检验中，我们用 t 值作为检验统计量并计算相应的 p 值。对于卡方检验，我们的检验统计量是卡方（chi-square）：

$$x^2=遍历分类变量所有的值$$
$$自由度（degrees\ of\ freedom）=k-1$$

为了便于理解，我们用一个例子进行演示。

案例：卡方拟合度检验

疾控中心（以下简称 CDC）将成年人的身体质量指数（以下简称 BMI）分为 4 类：过轻/正常、过重、肥胖和非常肥胖。2009 年的一项调查显示，美国成年人的 BMI 分别是 31.2%、33.1%、29.4% 和 6.3%。我们随机抽取 500 名成年人，记录他们的 BMI 分类。

请问新的调查结果和 2009 年的调查结果是否有显著差异？假设显著性水平是 0.05。

首先，我们计算每个分类的预期值，如表 8.1 所示。

表 8.1   每个分类的预期值

BMI 分类	过轻/正常	过重	肥胖	非常肥胖	总计
观测值	102	178	186	34	500
预期值	156	165.5	147	31.5	500

其次，我们检查是否满足卡方检验的条件：

● 每个分类的频数至少为 5；

● 每个观测值都是独立的，且总体足够大。

下面就可以进行卡方拟合度检验。我们需要确定原假设和备择假设：

● H_0：2009 年的 BMI 分布（预期值）和目前的 BMI 分布相同（观测值）。

● H_a：2009 年的 BMI 分布（预期值）和目前的 BMI 分布不同（观测值）。

我们可以手工计算统计量：

$$x^2 = \sum \frac{(观测值 - 预期值)^2}{预期值}$$

$$= \frac{(102-156)^2}{156} + \frac{(178-165.5)^2}{165.5} + \frac{(186-147)^2}{147} + \frac{(34-31.5)^2}{31.5} = 30.18$$

我们可以用好帮手 Python 计算，如下所示：

```
observed = [102, 178, 186, 34]
expected = [156, 165.5, 147, 31.5]

chi_squared, p_value = stats.chisquare(f_obs= observed, f_exp=
expected)

chi_squared, p_value
#(30.1817679275599, 1.26374310311106e-06)
```

p 值低于 0.05，因此我们拒绝原假设，接受备择假设，即目前的 BMI 分布和 2009 年的 BMI 分布不同。

卡方相关性/独立性检验

在概率论中，独立性（independence）指变量间互不影响。比如，你出生的国家和出生的月份是互相独立的。但是，你使用的手机类型则可能暴露你的选择偏好，因此这两个变量就不具有独立性。

卡方相关性/独立性检验用于检验两个分类变量是否互相独立。该检验通常用来判断教育水平或税率等级是否受人口统计学的影响，比如性别、种族和宗教信仰等。下面我们回看上一章介绍的 A/B 测试案例。

在 A/B 测试案例中，我们让一半的用户使用网页 A 登录，另一半用户使用网页 B 登录，分别统计了两个网页的注册数，如表 8.2 所示。

表 8.2　　　　　　　　　　　　　　两个网页的注册数

	未注册	注册
网页 A	134	54
网页 B	110	48

我们可以计算网页的转化率,但我们真正想知道的是以下两个变量是否存在相关性：**用户使用哪个网页登录？是否进行了注册？** 我们将使用卡方检验进行验证。

卡方独立性检验的假设条件

卡方独立性检验需满足以下两个条件：

- 每个分类的频数至少为 5；

- 每个观测值都是独立的，且总体大小至少是样本大小的 10 倍。

事实上，这两个条件和卡方拟合度检验相同。

下面我们定义原假设和备择假设：

- H_0：两个分类变量没有相关性。

- H_0：两个分类变量是互相独立的。

- H_a：两个分类变量具有相关性。

- H_a：两个分类变量非互相独立的

你可能注意到我们遗漏了一个关键信息，期望频数（expected count）在哪里？在之前的检验中，我们会将先验分布和观测到的结果进行比较，但现在却没有这一步。为了完成这一步，我们需要新生成一些信息，用以下公式计算每个观测对象对应的期望值：

期望频数=计算卡方检验的检验统计量和自由度

检验统计量：$x^2 = \sum \dfrac{(观测值_{r,c} - 预期值_{r,c})^2}{预期值_{r,c}}$

自由度=$(r-1) \times (c-1)$

其中 r 表示行数，c 表示列数。和之前类似，我们还可以计算 p 值，当 p 值低于显著性水平时拒绝原假设。我们同样使用 Python 内置的方法快速计算结果。

```
observed = np.array([[134, 54],[110, 48]])
# built a 2x2 matrix as seen in the table above

chi_squared, p_value, degrees_of_freedom, matrix = stats.chi2_
contingency(observed= observed)

chi_squared, p_value
# (0.04762692369491045, 0.82724528704422262)
```

结果显示 p 值非常大，因此我们无法拒绝原假设，也就是说，没有足够证据显示网页类型对用户注册率有影响，两个变量之间没有相关性。

8.5 总结

本章中，我们介绍了多种类型的统计检验方法，如 t 检验和卡方检验，以及如何根据样本数据，通过点估计和置信区间的方法推测总体参数。我们现在已经可以通过一个很小的样本数据，对总体的某些特征进行较为可靠的估计。

统计学是一个涵盖范围很广的主题，不可能只用一章讲完。深入理解前两章介绍的统计知识，有助于我们完成接下来的数据科学内容。

第 9 章
交流数据

本章介绍如何向他人分享我们的分析结果。我们将介绍多种数据展示风格和可视化技巧。本章的目标是让你能够以清晰易懂、有条理的方式向其他人展示分析结果。无论对方是不是数据专家，都能够理解和使用你的分析结果。

我们将讨论如何通过标签、键值、颜色等技巧创建有效的图表。我们还将介绍更高级的数据可视化技巧，比如**轮廓图**（**parallel coordinate plots**）。

本章的主题包括：

- 识别有效和无效的可视化；

- 识别图表是否在说谎；

- 识别因果关系和相关性；

- 构建有吸引力和价值的图表。

9.1 为什么交流数据很重要

在数据科学实战中，能够用程序语言处理数据、做实验还远远不够。数据科学的分析结果只有被真正使用之后才能产生价值。即便某研究医疗的数据科学家预测游客在发展中国家感染 Malaria 病毒的准确度高达 98%，但如果该研究结果发表在没有影响力的期刊，在网络上也没有获得关注，那么这个原本可以预防很多人死亡的开拓性研究结果，将无法被世人知晓。

正因为如此，和他人交流数据才和研究结果本身一样重要。一个没有重视交流数据重要性的案例是 Gregor Mendel[①]。Mendel 被认为是现代基因学的奠基人，但直到他去世之后，人们才认识到他的研究结果（数据和图表）的价值。实际上，Mendel 曾经将研究结果寄给了 Charles Darwin[②]，但 Darwin 丝毫没有关注 Mendel 的研究结果——因为它发表在一本不知名的期刊上。

通常来讲，有两种展示分析结果的方式：语言交流和可视化。语言交流和可视化又可以细分到多个子类，比如幻灯片、图表、期刊，甚至大学讲座。通过掌握数据展示的核心要素，我们每个人都可以拥有清晰、有效的交流技能。

下面将介绍有效和无效的交流方式，我们先从可视化开始。

9.2　识别有效和无效的可视化

可视化的目的是帮助读者快速理解数据，比如趋势、相关性等。理想情况下，读者应该能在 5～6 秒之内完成一张可视化图表的分析。因此，我们需要认真对待可视化，确保可视化有效传达了信息。我们将重点介绍以下 5 类基本图表：散点图、折线图、条形图、直方图和箱形图。

9.2.1　散点图

散点图（scatter plots）是最容易制作的图形之一，它有两个数轴，每个数据点表示一个观测对象。散点图能体现变量间的相关性，适用于具有高相关性的变量。

比如，假设我们有两个变量：平均每天看电视的时长和工作表现（0 表示很差，100 表示卓越）。我们想找出看电视时长和工作表现之间的关系。

以下代码模拟了一次调查问卷，生成了被访问者平均每天看电视的时长和工作表现得分。

---

① 译者注：Gregor Mendel（格雷戈尔•孟德尔），基因学的奠基人，被称为现代遗传学之父。
② 译者注：Charles Darwin（查尔斯•达尔文），英国生物学家，进化论的奠基人，著有《物种起源》。

```
import pandas as pd
import matplotlib.pyplot as plt
%matplotlib inline
hours_tv_watched = [0, 0, 0, 1, 1.3, 1.4, 2, 2.1, 2.6, 3.2, 4.1, 4.4,
4.4, 5]
```

以上代码生成了 14 个人平均每天看电视的时长。

```
work_performance = [87, 89, 92, 90, 82, 80, 77, 80, 76, 85, 80, 75,
73, 72]
```

以上代码生成了 14 个人对应的工作表现得分，最低 0 分，最高 100 分。

第 1 个人平均每天看 0 小时电视，他的工作表现得分是 87 分。最后 1 个人平均每天看 5 小时电视，他对应的工作得分是 72 分。

```
df = pd.DataFrame({'hours_tv_watched':hours_tv_watched, 'work_
performance':work_performance})
```

以上代码的作用是创建 Dataframe 对象，以便进行数据探索和制作散点图。

```
df.plot(x='hours_tv_watched', y='work_performance', kind='scatter')
```

以上代码用于生成散点图。如图 9.1 所示，横轴表示平均看电视的时长，纵轴表示工作表现得分。

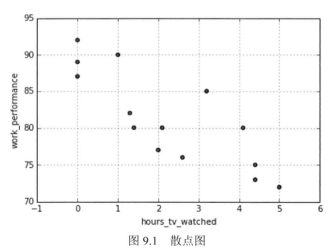

图 9.1 散点图

散点图中的每个点表示一个观测对象（本例中指被访问者），点的位置是观测对象在每个变量上所处的相对位置。从图 9.1 中可以观察出变量间的关系：平均每天看电视时间越长，工作表现越差。

当然，通过前两章的学习，你已经精通统计学，非常清楚以上两个变量间的关系并不是因果关系。实际上，大部分时候散点图仅仅体现的是变量的相关性，而不是因果关系。只有借助更高级的统计学，比如第 8 章介绍的一些方法，我们才可以确定变量间的因果关系。在接下来的章节，我们会看到由于盲目相信相关性而得出错误的分析结果。

9.2.2　折线图

在数据交流过程中，**折线图（line graphs）**是应用最广泛的图形之一。折线图用线连接数据点，横轴通常是时间。折线图是展示变量随时间变化的最好方式之一。折线图和散点图一样，适用于定量类型的变量。

很多人好奇我们从电视中看到的内容是否会影响我们的行为。我的一个朋友曾经做过一件极端的事情——他想找出电视节目《X-Files》和美国境内目击 UFO 数量间的关系。他收集了每年目击 UFO 的数量，做了一张趋势图。接着，他在图中进行了标记，确保读者能够明显看出《X-Files》节目播出后的影响。

从图 9.2 可以明显看出，自 1993 年《X-Files》节目播出之后，各地目击 UFO 的数量急剧攀升。

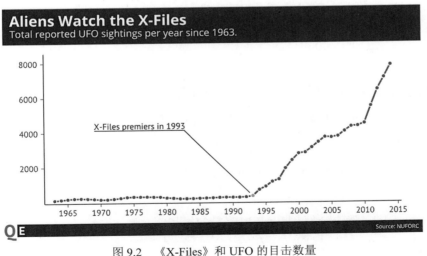

图 9.2　《X-Files》和 UFO 的目击数量

在本例中，我们被告知每个轴的含义，并能够明显看出变化趋势，明白作者表达的目的——UFO 目击数量和《X-Files》节目的关系。虽然这个例子非常简单，却是展示折线图作用的最佳案例之一。

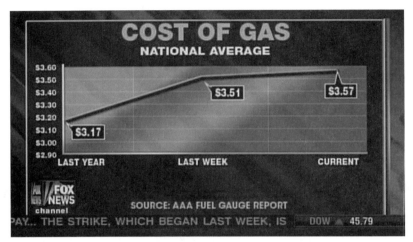

图 9.3　3 个不同时间点的天然气价格

图 9.3 所示的折线体现了天然气在 3 个不同时间点的价格。乍一看，图 9.3 和图 9.2 很相似——x 轴是时间，y 轴为度量。一个不太明显的区别是图 9.3 中 3 个点的横向距离相等。然而，如果我们仔细查看 x 轴的标签会发现，这 3 个时间点（去年、上周和现在）的时间间隔其实是不等的！前两个点间隔一年，后两个点仅仅间隔 7 天。

9.2.3　条形图

条形图（bar charts） 用于对比不同的数据组。比如，我们可以用条形图对比各大洲的国家/地区数量。需要注意，在条形图中，x 轴不再是定量变量，而（通常）是分类变量，y 轴则依然是定量变量。

在以下代码中，我使用世界卫生组织酒精消耗量数据绘制各大洲国家/地区数量的条形图。

```
import matplotlib.pyplot as plt
drinks = pd.read_csv('data/drinks.csv')

drinks.continent.value_counts().plot(kind='bar', title='Countries per
Continent')
```

```
plt.xlabel('Continent')
plt.ylabel('Count')
plt.show()
```

图 9.4 展示了各大洲的国家/地区数量。每个柱子的下面有洲名的缩写，柱子的高度表示该大洲的国家/地区数量。我们可以很明显地看出非洲（AF）所含的国家/地区数量最多，南美洲（SA）所含国家/地区数量最少。

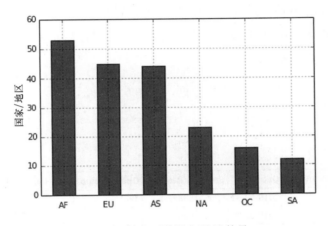

图 9.4　各大洲的国家/地区数量

除了统计国家/地区数量，我们还可以用条形图对比各大洲人均酒精消耗量，如下所示。

```
drinks.groupby('continent').beer_servings.mean().plot(kind='bar')
plt.show()
```

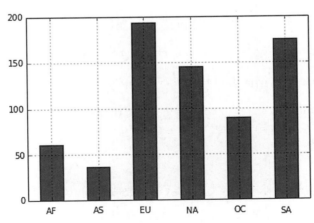

图 9.5　各大洲人均酒精消耗量

散点图和折线图都不适合分析图 9.5 中的数据，因为只有定量变量才能用散点图和折线图。条形图擅长展示分类数据的关系。

和折线图类似，我们也可以用条形图表示变量随时间变化的趋势。

9.2.4　直方图

直方图（histogram）通常用来表示定量变量被拆分为等距数据桶（bin）后的频率分布，柱子的高度表示数据桶含有的元素数量。直方图看起来非常像条形图，它的 x 轴表示数据桶，y 轴表示数量。

下面我们导入某连锁商店的客户数据，如图 9.6 所示。

```
rossmann_sales = pd.read_csv('data/rossmann.csv')
rossmann_sales.head()
```

	Store	DayOfWeek	Date	Sales	Customers	Open	Promo	StateHoliday	SchoolHoliday
0	1	5	2015-07-31	5263	555	1	1	0	1
1	2	5	2015-07-31	6064	625	1	1	0	1
2	3	5	2015-07-31	8314	821	1	1	0	1
3	4	5	2015-07-31	13995	1498	1	1	0	1
4	5	5	2015-07-31	4822	559	1	1	0	1

图 9.6　某连锁商店的客户数据

请注意，数据中含有多家店铺，我们只提取第 1 家店铺的数据。

```
first_rossmann_sales = rossmann_sales[rossmann_sales['Store']==1]
```

下面我们对第 1 家店铺的客户数据进行统计，并绘制直方图。

```
first_rossmann_sales['Customers'].hist(bins=20)
plt.xlabel('Customer Bins')
plt.ylabel('Count')
plt.show()
```

图 9.7 中，x 轴是类别，每个类别表示一个数值区间，比如客户数介于 600～620 的区间。y 轴和条形图类似，是每个类别对应的观测对象数量。从图 9.7 可以看出，大多数时候，每天的客户数介于 500～700。

在直方图中，柱子之间通常紧贴着，不隔开。

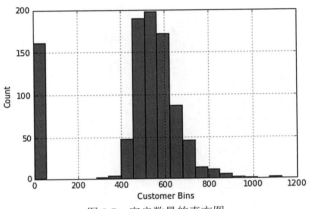

图 9.7 客户数量的直方图

总之，直方图用于展示定量变量的分布情况。

9.2.5 箱形图

箱形图（box plots） 通常用于表示变量值的分布情况。制作箱形图需要计算以下 5 个指标：

- 最小值；

- 第 1 个四分位（将样本中处于最低的 25%区间的值和其他值隔开的值）；

- 中位数；

- 第 3 个四分位（将样本中处于最高的 25%区间的值和其他值隔开的值）；

- 最大值。

在 Pandas 中，箱形图中的红线表示中位数，箱子最上面和最下面的线分别是第 3 个四分位和第 1 个四分位。

图 9.8 是用各大洲啤酒消耗量数据制作的箱形图。

```
drinks.boxplot(column='beer_servings', by='continent')
```

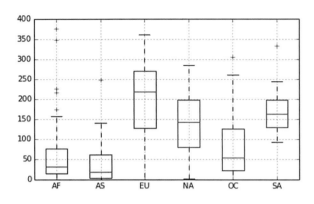

图 9.8 各大洲啤酒消耗量的箱形图

现在，我们可以清晰地对比七大洲的啤酒消耗量和它们的分布情况：非洲（AF）和亚洲（AS）的啤酒消耗量中位数低于欧洲（EU）和北美（NA）。

箱形图的另一种用途是发现离群值，它比直方图还要直观，因为箱形图包含了最大值和最小值。

继续回到直方图使用的客户数据，我们用同样的用户数据绘制箱形图，如图 9.9 所示。

```
first_rossmann_sales.boxplot(column='Customers', vert=False)
```

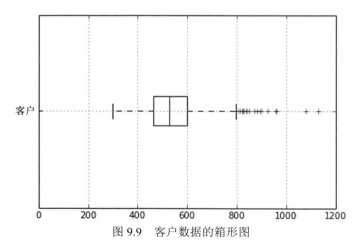

图 9.9 客户数据的箱形图

为了更好地对比直方图和箱形图，我们将两幅图放在一起。

请注意，图 9.10 和图 9.11 的 x 轴是相同的，都是 0~1200 的区间。箱形图中的红线（中位数）可以让我们更快地找出数据的中心。相反，直方图则能更好地展示数据的分布情况，以及用户数最高的数据桶。比如，图 9.10 显示数据桶 0 的高度较高，意味着在过去的 150 天中，有很多天没有客户光顾。

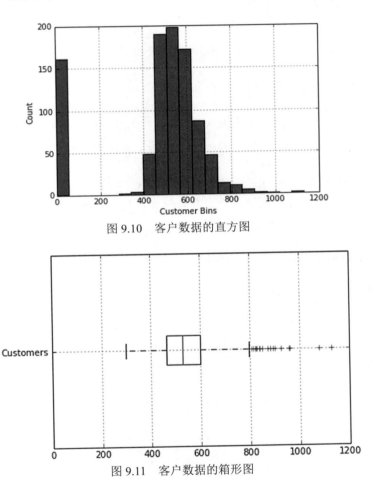

图 9.10　客户数据的直方图

图 9.11　客户数据的箱形图

我们也可以使用 Pandas 的 describe 方法得到和箱形图一样的数据，如下所示：

```
first_rossmann_sales['Customers'].describe()
```

```
min          0.000000
```

```
25%           463.000000
50%           529.000000
75%           598.750000
max          1130.000000
```

9.3　当图表和统计在说谎

统计不会说谎，人会说谎。一种欺骗观众最简单的方法是混淆相关性和因果关系。

9.3.1　相关性 VS 因果关系

在没有对相关性和因果关系做深入研究之前，我不会在本书谈论这部分内容。在这一小节里，我们继续使用平均每天看电视时长和工作表现数据。

相关性（correlation）是介于−1～1 的定量指标，它用于衡量两个变量之间的相关性。如果变量的相关性接近−1，意味着一个变量增加，另一个变量减少。反之，如果变量的相关性接近 1，则意味着两个变量同时增加或减少。

因果关系（causation）是一个变量影响另一个变量的定性指标。

对于变量"平均每天看电视时长"和变量"工作表现"，一些人认为它们呈负相关，即平均每天看电视时间越长，工作表现得分越低。回忆之前使用的代码：

```
import pandas as pd
hours_tv_watched = [0, 0, 0, 1, 1.3, 1.4, 2, 2.1, 2.6, 3.2, 4.1, 4.4,
4.4, 5]
```

以上代码生成了 14 个人平均每天看电视的时长。

```
work_performance = [87, 89, 92, 90, 82, 80, 77, 80, 76, 85, 80, 75,
73, 72]
```

以上代码生成了 14 个人对应的工作表现得分，最低 0 分，最高 100 分。

```
df = pd.DataFrame({'hours_tv_watched':hours_tv_watched, 'work_
performance':work_performance})
```

我们之前用以上数据绘制了散点图，可以明显地看出下跌趋势——随着每天看电视时间的增加，工作表现得分在下降。然而，相关系数才是表示变量间相关性的最好方式，它能够量化变量的相关性和强度。

以下代码用于计算以上两个变量的相关性：

```
df.corr()    # -0.824
```

相关性系数接近-1 表示两个变量有强烈的负相关性，相关性系数接近 1 表示两个变量有强烈的正相关性。本例中相关性系数等于-0.824，这支撑了我们观察图形得出的结果，即平均每天看电视时长和工作表现呈负相关，且相关性非常强烈。如图 9.12 所示，现在，我们不但可以从散点图中观察到这一点，还有精确的数字做支撑，这样向其他人展示分析结果将非常具有说服力。反之，如果图形和数字得出的结果相矛盾，人们将不会轻易相信你的分析。

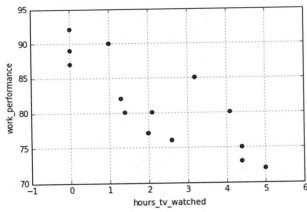

图 9.12　每天看电视时长和工作表现的散点图

无论再怎么强调相关性不等价于因果关系也不为过。相关性仅仅用于量化指标间的关系，因果关系则是一个变量决定或影响了另一个变量。当你将相关性研究结果分享给其他人时，可能会遇到一些挑战。当没有人知道以上分析是不完整的，而且还根据以上相关性结果做下一步决策时，糟糕的事情就会发生。

很多时候两个变量具有相关性，并不意味着存在因果关系，原因有很多，如下所示。

● 变量之间存在**混淆因子（confounding factor）**，即存在第 3 个隐蔽的变量将另外两个变量连接起来。比如在之前的案例中，我们发现随着看电视时间增加，工作表现将下降，两个变量呈负相关关系。但这并不意味着看电视是导致工作表现下降的根本原因。也许存在第 3 个因素，比如睡眠减少，才是工作表现下降的合理解释。看电视时间过长导致睡眠时间减少，睡眠减少导致工作表现下降。睡眠时间就是混淆因子。

● 变量之间也许不存在任何因果关系，仅仅是巧合！实际上，有很多变量存在相关性，但其实它们并不存在任何关系。如图 9.13 所示，两个变量看起来有非常强的正相关性（比图 9.12 所示的更明显），如果我们因此得出奶酪的消费量决定了工程学博士的数量这个分析结论，显然是荒谬的。

图 9.13 解释了为什么数据科学家必须牢记相关性不等价于因果关系。变量存在数学上的相关性，并不意味着它们能够互相影响对方。变量之间可能存在混淆因子，也可能没有任何关系。

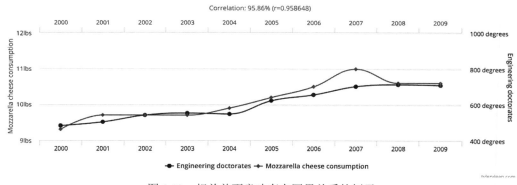

图 9.13　相关并不意味存在因果关系的例子

9.3.2　辛普森悖论

辛普森悖论（simpson's paradox）是另一个我们需要仔细考虑混淆因子的原因。辛普森悖论指变量之间的相关性会随参与考虑的因素的变化而发生根本性的变化。这意味着即便图表显示变量间存在正相关性，当加入新的因子（通常是混淆因子）后，变量之间可能就不存在相关性了。辛普森悖论给统计学带来了很多麻烦。

假设我们在考察两个不同版本网页的关系（参考第 7 章的网页 *A/B* 测试案例）。对于网页 *A* 和网页 *B*，我们希望对比它们的转化率。假设之前 *A/B* 测试的结果如表 9.1 所示。

表 9.1　　　　　　　　　　　　*A/B* 测试的结果（一）

网页 *A*	网页 *B*
75%（263/350）	83%（248/300）

　　以上数据显示，网页 *B* 的转化率高于网页 *A*，因此很容易得出结论：网页 *B* 是最好的商业选择。如果我们将以上数据和结论分享给同事将很有说服力。

　　然而，如果我们将用户的地理位置因素考虑进来，得到的 *A/B* 测试结果如表 9.2 所示。

表 9.2　　　　　　　　　　　　*A/B* 测试的结果（二）

	网页 *A*	网页 *B*
西海岸	95%（76/80）	93%（231/250）
东海岸	72%（193/270）	34%（17/50）
合计	75%（263/350）	83%（248/300）

　　以上数据显示，网页 *A* 在各个区域的转化率都比网页 *B* 好，但网页 *A* 的总体转化率却比网页 *B* 差，出现了悖论！这正是辛普森悖论美丽且让人震惊的地方。

　　辛普森悖论出现的原因是不均等的分类。网页 *A*/东海岸组合（270）和网页 *B*/西海岸组合（250）所含的样本数量很大，导致最终的测试结果被扭曲，出现意想不到的情况。混淆因素还可能有网页测试时间不同，或者西海岸用户确实更喜欢网页 *B*，而东海岸用户确实更喜欢网页 *A*。

　　虽然有解决辛普森悖论的方法，但证明该方法需要使用更复杂的贝叶斯网络，这超出了本书的介绍范围。

　　辛普森悖论的最大意义是告诫我们从变量的相关性中推导因果关系时要谨慎，要考虑混淆因子。如果你已经发现了变量的相关性（比如网页类型和转化率的关系，或者看电视时长和工作表现的关系），最好试着从中分离出更多的变量，也许这些新变量才是产生相关性的根本原因，或者至少它们能让你更深入地分析问题。

9.3.3　如果相关性不等于因果关系，那什么导致了因果关系

　　数据科学家经常面对已经找出了变量的相关性，但却不是因果关系的情况，这非常

令人沮丧。但是，确定因果关系最好的方式是不断地实验，比如运用第 8 章高级统计学介绍的方法。我们必须通过将总体拆分为多个随机样本，并进行各种假设检验，才能确信变量间是否真的存在因果关系。

9.4　语言交流

语言交流（verbal communication）和数据可视化展示数据一样重要。如果你的工作不仅仅是上传或发表分析结果，那么你需要将结果展示给一屋子的数据科学家、高级管理人员或者报告厅的听众。

无论沟通对象是谁，通过语言交流展示研究成果时都有一些需要特别注意的关键事项。通常来说，存在两种场景的语言交流：一种是正式、专业的场景，比如在公司办公室，你的研究结果关系到公司核心经营指标（KPI/key performance indicator）；另一种是非正式场景，比如和办公室同事在一起，你需要让对方关注到你对工作的想法。

9.4.1　关键在于讲故事

无论是正式交流还是非正式交流，核心在于讲故事。当你在交流结果时，你的目的是让听众相信并关注你在讲什么。

你要始终关注你的听众，观察他们的反应，以及他们是否对你讲的内容感兴趣。如果听众的参与度降低，试着将问题和他们联系在一起：

"试想，当风靡的电视剧《Game of Thrones》回归之后，你的雇员将花大量的时间追剧，因此他们的工作表现将出现下滑。"

然后你就能吸引他们的关注。记住，无论听众是你的老板还是妈妈的朋友，你都必须找到和他们发生联系的方法。

9.4.2　正式场合的注意事项

当需要在正式场合将数据分析结果展示给听众时，我想强调以下 6 个步骤。

（1）总结问题的现状。

在这一步中，我们仔细分析问题的现状，包括问题是什么，如何引起团队的注意。

（2）定义问题的本质。

我们对问题进行更深入的分析，包括问题产生的影响、解决方案、如何改变这种情况和已经完成的工作等。

（3）透露初始假设。

在开始解决问题之前，阐明我们的初始想法。这一步看起来是新手才需要做的内容，但实际上，这是站在公司/全局角度，而不是从自己角度看待问题的好机会。比如，"根据我们的调查，61%的公司雇员认为看电视的时间长短和工作表现没有关系。"

（4）介绍你的解决方案，或者解决问题的工具。

你如何解决问题，使用了哪些统计检验方法，以及在解决问题过程中使用的任何假设。

（5）介绍解决方案能够带来的影响或价值。

对比你的解决方案和初始假设的区别，介绍在未来能够带来哪些影响或价值？如何采取行动提升公司或个人的表现？

（6）未来行动方案。

介绍未来可以采取的行动，比如如何实施解决方案。

通过以上 6 个步骤，我们可以分享任何数据科学方法。交流分析结果的最终目的是采取行动。如果你希望解决方案能够被付诸行动，你就必须有清晰的实施路线图，列出未来行动的关键步骤。

9.5　为什么演示、如何演示和演示策略

在非正式场合，想清楚为什么演示、如何演示和演示策略是成功的必备条件。掌握它非常简单：

（1）在真正介绍你的方法之前，告诉听众为什么这个问题很重要；

（2）接着，介绍你如何解决了这个问题，比如使用了哪些数据清洗步骤、数据挖掘模型和假设检验方法等；

（3）最后，介绍你的解决方案对他们有何价值。

以上步骤来自知名的广告界。他们不会在广告的前 3 秒告诉你产品是什么，他们要吸引观众的注意力，在关键时刻亮出产品最令人激动的点。比如：

"大家好，今天我想和大家讨论为什么在奥林匹克运动会举办时，大家很难集中精力工作。我们通过对员工调查问卷结果和工作表现数据进行合并分析，找出了平均每天看电视时长和工作表现之间的关系。分析结果显示，我们应当保持良好的看电视习惯，确保不影响我们的工作。谢谢。"

事实上，本章正是按照这个结构排列的！我们首先从为什么需要关注交流数据开始，然后讨论了如何可视化交流数据，最后介绍为什么演示、如何演示和演示策略。

9.6　总结

我们在本章中介绍了常用的图表，如何识别错误的因果关系，以及如何提升语言交流的技能。交流数据不是一个轻松的工作。理解数据科学使用的数学原理是一码事，尝试说服其他数据科学家和非数据科学家，让他们相信你的结果是有价值的另一码事。

在前面的几章中，我们分别讨论了如何获取数据、清洗数据、通过数据可视化让听众更容易理解分析结果。我们还介绍了基本和高级的概率论及统计学，以便使用量化理论分析数据，得到可信赖的分析结果。

在接下来的章节中，我们将讨论数据科学中更大的话题——机器学习和非机器学习。我们将介绍机器学习和机器学习适用的和不适用的场景。在学习过程中，我，建议读者保持开放的心态，不仅要掌握机器学习的工作原理，还要理解为什么需要使用机器学习。

第 10 章
机器学习精要：你的烤箱在学习吗

机器学习已经成为最近 10 年出现频率最高的词语之一。每当我们听到下一个颠覆性的创业公司或爆炸性新闻，它们都多多少少和机器学习技术变革以及如何改变世界有关。

本章是数据科学的实践环节，我们将专注机器学习。本章的主要内容有：

- 了解机器学习的分类，并学习相关案例；

- 介绍回归、聚类等机器学习模型；

- 定义机器学习，以及如何在数据科学中使用它；

- 机器学习和统计模型的区别，以及为什么机器学习的范围比统计模型更广。

我们的目标是运用统计学、概率论和算法思维，将机器学习能力应用到实际生产环境中，比如市场营销。我们介绍的案例有预测餐馆的评价、疾病、垃圾邮件等。本章将从全局视角介绍机器学习和一个统计模型。

我们还将介绍各种指标，因为指标反映了模型的有效性。我们需要借助指标才能得出结论，进而使用机器学习进行预测。

在下一章中，我们将介绍更多复杂的模型。

10.1　什么是机器学习

在正式开始之前，有必要对机器学习进行具体地定义。在第 1 章"如何听起来像数据科学家"中，我们称机器学习是赋予机器从数据中学习的能力，而不需要程序员给出明确的规则的模型。这个定义仍然成立。机器学习关注的是从数据中学习**模式（pattern）**——即便数据本身存在错误（噪声）。

机器学习模型可以直接从数据中发现知识，而无需人类的帮助。这是传统算法和机器学习模型最根本的区别。传统算法被告知如何从复杂系统中发现答案，算法将从中搜索最佳结果，它的速度远远高于人类。然而，传统算法最大的缺点在于**人类必须首先知道最佳解决方案是什么**。而对于机器学习算法，人类不需要事先告诉模型最佳解决方案，相反，我们提供该问题的几个例子，**由模型本身找出答案**。

机器学习是数据科学家工作箱中一个重要工具，它和统计检验方法（卡方检验或 t 检验）、使用概率论/统计学预测总体参数一样重要。机器学习经常被误认为是数据科学家唯一需要掌握的能力，这是不真实的。真正的数据科学家既要懂得何时使用机器学习模型，也要懂得何时不使用机器学习模型。

机器学习是关于相关性和关系的游戏。很多机器学习算法擅长发现数据集中潜在的关系（通常指 DataFrame 中的列）。一旦机器学习算法能够精确地找出数据间的相关性，我们就能利用这些相关性预测未来的观测值或者生成数据，并展示有意思的数据模式。

讲解机器学习最好的方法是通过案例，并配以两种解决方案：一种使用机器学习算法，另一种使用传统的非机器学习算法。

案例：面部识别

面部识别（facial recognition）问题非常简单。给定一张照片，识别出它是否是人脸。在回答这个问题之前，我们还有更重要的问题需要回答。假设你希望开发一套家庭安全系统，识别哪些人进入了房间。我们假设大部分时间都没有人进入房子，只有当面部识别系统识别出人脸时才开门。这就是我们需要解决的问题——给定一张照片，判断是否是人脸。

对于面部识别问题，有以下两套解决方案。

● 对于非机器学习算法，我们需要首先将人脸定义为略圆、有两个眼睛、有头发、有鼻子等。算法从照片中识别这些硬编码特征，然后返回是否具有以上特征。

- 对于机器学习算法，操作过程则完全不同。机器学习模型只需要输入一些含有标签的人脸和非人脸照片，模型将从输入的照片中自动找出人脸的规律。

Face

Face

No-Face

也就是说，机器学习版本的解决方案不需要知道人脸是什么，只需要输入几个案例：一些人脸照片和一些非人脸照片，模型将识别出两者的不同。一旦机器学习模型识别出了两者的不同，我们就可以利用它识别新照片，预测新照片是否是人脸。

图 10.1　含有标签的人脸和非人脸照片

比如，我们用图 10.1 所示的 3 张照片训练机器学习模型，模型将识别出被标记为人脸（Face）和非人脸（No-Face）照片的差异，并利用这些差异识别新照片。

10.2　机器学习并不完美

虽然不同的模型在使用时各不相同，但仍然有一些通用的规则，以下是使用机器学习时的告诫。

- 大多数时候，模型使用的是预处理和清洗后的数据，这些方法在之前的章节已经介绍过。基本上没有模型能够建立在含有大量缺失数据值或分类信息的脏数据之上。通常我们需要先使用哑变量和填充/删除等技术处理这些异常现象。

- 在清洗后的数据集中，每一行表示被观测环境中唯一的观测对象。

- 当使用模型寻找变量间的关系时，我们会假设这些变量存在着某种关系。这一假设前提非常重要，机器学习模型无法处理不存在任何关系的数据。

- 机器学习模型通常是半自动化的，这意味着聪明的决策还是需要由人给出。机器虽然非常聪明，但很难将结果用文本展示。大多数模型的输出都是一系列数字和指标，指标显示了模型的质量。模型依赖于人将这些数字和指标转换为观点，并将观点传达给听众。

● 大部分机器学习模型都对**噪声数据（noisy data）**非常敏感。这意味着如果数据集中含有非相关数据，将会迷惑模型。比如，如果我们试图找出世界经济数据之间的关系，数据集中有一列是各国首都的小狗养殖率，那么这一列因为和我们想要的分析结果无关，将会迷惑模型。

这些告诫将在使用机器学习模型时一次又一次的出现，它们至关重要，却经常被数据科学家新手忽略。

10.3　机器学习如何工作

虽然每一种机器学习算法和模型都各不相同，使用不同的数学原理，适用不同的数据科学分析场景，但它们的原理是相通的。通常来讲，机器学习的工作原理是输入数据，寻找数据中的关系，输出模型学习到的规律，如图 10.2 所示。

随着我们接触的机器学习类型越来越多，我们将会看到它们如何处理不同类型的数据，并输出不同类型的结果。

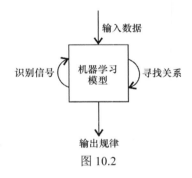

图 10.2

10.4　机器学习的分类

机器学习有很多种分类方法。在第 1 章 "如何听起来像数据科学家" 中我们提到了统计模型和概率模型。这些模型利用统计学和概率论理论，寻找数据间的关系并进行预测。在本章中，我们还将看到以上两种模型。但在后面的章节，我们将抛开古板的统计学/概率学，专门研究机器学习。

机器学习模型可以根据不同的特征进行分类：

● 根据使用的数据结构进行分类（树/图/神经网络）。

- 根据使用的数学理论进行分类（统计学/概率论）。

- 根据训练所需的计算层次进行分类（深度学习）。

为了教学的目的，我将按照自己的标准对机器学习进行分类。从宏观角度看机器学习模型，主要分为以下 3 类：

- 监督学习（supervised learning）。

- 无监督学习（unsupervised learning）。

- 强化学习（reinforcement learning）。

10.4.1 监督学习

简而言之，监督学习的目的是寻找数据集中各个特征和目标变量之间的关系。比如，监督学习模型可以根据一个人的健康特征（心率、肥胖水平等），计算此人患有心脏病的风险（目标变量）。

特征和目标变量之间隐含的关系，使得机器学习模型可以依据历史数据进行预测。这通常是人们听到"机器学习"这个词后第一个能想到的用途，但它却并不是机器学习领域的全部内容。监督机器学习模型通常被称为**预测分析模型（predictive analytics models）**，因为它能根据历史数据预测未来。

监督机器学习模型需要输入**有标记数据（labeled data）**。这意味着我们必须通过被正确标记的历史案例对模型进行训练。回忆一下面部识别案例，它属于监督机器学习模型，我们通过标记有人脸（Face）和非人脸（No-Face）的照片对模型进行训练，并让模型识别新照片是否属于人脸。

总之，监督学习使用历史数据对未来进行预测。在使用模型之前，我们需要将数据分为两部分。

- **预测因子（predictors）**：指用于进行预测的列，有时也被称为特征（features）、输入变量或自变量（independent variables）。

- **响应值（response）**：指需要进行预测的列，有时也被称为输出、标签、目标或因变量（dependent variables）。

监督学习模型尝试寻找预测因子和响应值之间的关系，然后进行预测。模型的核心思想是未来的观测值可以自我表示，因此我们只需要知道预测因子，模型就可以根据预测因子对响应值做出准确的预测。

案例：心脏病预测

假设我们想预测未来一年某人是否会患有心脏病。为了进行预测，我们需要收集他的胆固醇指标、血压、身高、吸烟习惯等信息。根据以上信息，我们能够计算他患有心脏病的可能性。为了进行预测，我们需要研究历史患者和他们的病历。对于历史患者，我们不仅知道他们的预测因子（胆固醇含量、血压值等健康特征），还知道他们是否患有心脏病（因为是历史事件）。

这是一个监督学习模型问题，因为：

● 模型需要对某个事件进行预测；

● 使用历史数据训练模型，找出医疗变量和心脏病之间的关系。

如图 10.3 所示，我们希望达到的效果是模型能够像真正的医生一样，根据病人的健康状况，判断病人是否可能患有心脏病。

随着模型接触越来越多的有标签数据，它将进行自我调整。我们可以使用不同的指标（随后将进行介绍）评估监督学习模型的效果，并对它进行优化。

监督学习模型的一个最大的缺点是需要有标记数据，而这些数据通常很难获取。如果我们想预测心脏病，就需要成千上万患者的医疗信息，以及很多年持续的追踪，获取这些数据简直是噩梦。

简而言之，监督学习模型根据有标记的历史数据对未来进行预测，潜在的应用场景包括：

● 股票价格预测；

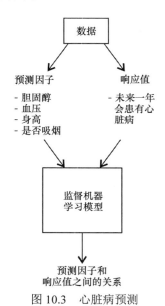

图 10.3　心脏病预测

● 天气预测；

● 犯罪预测。

请注意，以上潜在应用场景都包含"预测"一词，这恰恰说明了监督学习在预测方面的能力，但是预测并不是监督学习的全部。

图 10.4 生动描绘了监督学习模型如何使用有标记数据训练自己、调整自己并进行预测。

请注意观察图中监督学习模型如何从一批输入数据中学习。当模型准备好后，就可以对未来进行预测。

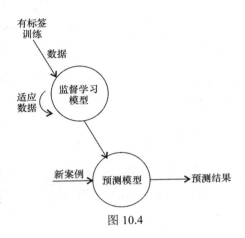

图 10.4

不仅仅是预测

监督学习利用预测因子和响应值之间的关系进行预测，但有时我们只需要知道指标间的关系就足够了。假设我们用监督学习模型预测客户是否会购买指定产品，数据集如表 10.1 所示。

表 10.1　　　　　　　　　　用户购买产品的数据集

编号	年龄	性别	是否在职	是否购买
1	63	女	否	是
2	24	男	是	否

在本例中，我们的预测因子有年龄、性别和是否在职，响应值是是否购买。我们想知道给定客户的年龄、性别和在职状况后，客户是否会购买产品。

假设某模型经过以上数据训练后，能够准确预测客户的购买行为。虽然模型本身非常有意思，但还有其他更重要的事情值得关心。事实上，模型之所以能够做出准确的预测，恰恰说明以上变量之间存在着某种关系。换言之，如果我们想判断客户是否会购买商品，只需要知道客户的年龄、性别和在职状况 3 个信息即可。这些信息可能会和市场调研相矛盾——市场调研需要更多的信息才能对潜在客户行为进行预测。

这说明监督机器学习模型拥有理解预测因子和结果值是否存在关系，以及如何产生影响的能力。比如女性是否更倾向于购买该产品？商品对哪个年龄区间的用户没有吸引力？将年龄和性别两个因素结合在一起预测的效果，是否优于单独使用年龄或性别？随着用户年龄的增长，他们购买产品的概率是增长、下降，还是保持不变？

有时，机器学习模型可能只需要输入一列就能进行预测，其他列都是噪声（和结果值没有相关性，干扰模型的运行）。

监督学习的类型

通常来说，常见的监督学习模型有两种：**回归模型**（**regression model**）和**分类模型**（**classification model**）。两者的区别非常简单，只体现在响应变量的不同。

回归模型

回归模型用于预测连续型响应变量，响应值可以取无穷大，比如预测以下内容。

- 金额。
  - 薪酬。
  - 预算。
- 温度。
- 时间。
  - 通常可以精确到秒或分钟。

分类模型

分类模型用于预测分类响应变量，响应变量只有有限个取值，比如回答以下问题。

- 癌症级别。
- 真/假问题：
  - "病人在未来一年会患有心脏病？"
  - "你会应聘成功吗？"

● 给定一张人脸照片，识别他/她是谁？（人脸识别）

● 预测某人在哪年出生：

　　○　答案有很多种可能（超过100），但仍然是有限数量。

案例：回归

图 10.5 展示了 3 个分类变量（年龄、出生年份和教育水平）与工资（周薪）之间的关系。

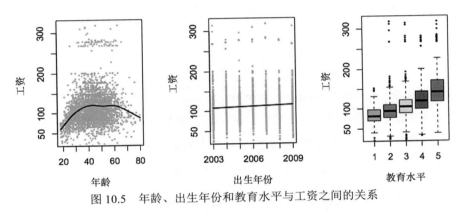

图 10.5　年龄、出生年份和教育水平与工资之间的关系

请注意，虽然每个预测因子都属于分类数据，但由于因变量 y 轴是连续型数据，所以本例使用的是回归模型。

之前介绍的心脏病案例是分类模型，因为我们想要的结果是病人是否会在未来一年得心脏病，这是一个答案只有是或否的问题。

数据因人而异

有时，我们很难决定使用分类模型还是回归模型。假设我们希望预测天气，我们的问题可以是外面有多么热？问题的答案可能是精确的温度值，比如 60.7℉ 或 98℉，属于连续尺度。然而如果我们随机询问几个人关于外面的温度，我保证很少有人会告诉你精确的温度值，相反他的回答类似于"温度在 60℉ 左右"这样笼统的描述。

正因为如此，我们倾向将这个问题归为分类问题，它的响应变量不再是具体的温度值，而是一个数据桶。理论上，数据桶的数量是有限的，模型也能更好地区分"60℉ 左右"和"70℉ 左右"。

10.4.2　无监督学习

第二类机器学习模型是无监督学习，这类模型主要用于解决更加开放的问题，而不仅仅是预测。无监督学习模型通过输入一系列预测因子，识别预测因子间隐藏的关系或模式，完成某项任务，比如：

● 对特征变量进行缩减，降低数据集维度。如文件压缩，其工作原理是利用文件数据中的模式，以更小的格式表示数据。

● 从数据集中寻找行为模式相似的数据点。

第 1 种任务通常叫作**降维（dimension reduction）**，第 2 种类型的任务通常叫作**聚类（clustering）**，如图 10.6 所示。两者都是无监督学习，因为模型没用利用预测因子对响应变量进行预测。与此相反，无监督学习模型的输出结果通常是我们事先不知道的内容。

图 10.7 是聚类模型的输出结果，颜色相同的数据点具有相似特征，颜色不同的数据点则互不相同。

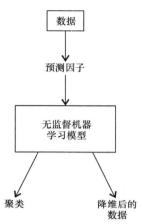

图 10.6　无监督学习模型

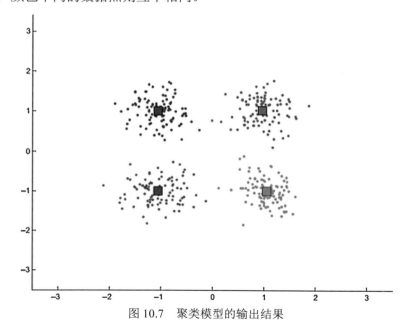

图 10.7　聚类模型的输出结果

无监督学习模型的一个优势是它不需要标签数据，这意味着准备模型数据相对容易。但是标签数据缺失也导致模型失去了相应的预测能力。

无监督学习模型的另一个缺点是我们很难评价模型的执行效果。对于回归模型和分类问题，我们可以很容易将模型的执行效果和真实情况做对比。比如，如果模型预测是下雨天，但实际上是晴天，我们很容易知道模型预测结果是错误的。或者模型预测价格将上涨 1 美元，但实际上价格上涨了 99 美分，我们也很容易知道模型的预测结果非常接近真实值！但是，对于无监督学习，我们没有真实值和模型执行结果进行对比，因此需要人对模型效果进行主观判断。

简单总结，无监督学习模型的主要用途是发现数据点的相似性和差异。我们将在后续章节进行更深入的讨论。

10.4.3 强化学习

在强化学习中，算法需要在特定环境中选择一种行为，并得到相应的奖励或惩罚。算法根据奖励或惩罚进行自我调整，通过改变策略完成某项目标 —— 通常是得到更多奖励。

这种类型的机器学习在 AI 辅助类游戏中非常流行，它们作为 AI 助理，探索虚拟世界，收集奖项并学习最佳的完成方式。这种模型在机器人，特别是在自动化机械方面同样非常流行，比如自动驾驶汽车。

自动驾驶汽车读取传感器的输入，并根据规则做出反应。汽车根据得到的奖励调整驾驶行为，以得到更多奖励，如图 10.8 所示。

强化学习和监督学习非常相似，因为算法会总结和分析过去的行为，以便在未来做出更好的行动。两者的主要区别在于奖励。奖励没有正确或不正确之分，仅仅是鼓励（或不鼓励）不同的行为。

强化学习是 3 种机器学习中最后一种，我不会花太多篇幅讲解。本章剩下的内容重点讲解监督学习和无监督学习。

图 10.8　强化学习在自动驾驶汽车中的应用

机器学习种类概览

我们可以用图 10.9 表示监督学习、无监督学习和强化学习 3 种模型的关系。

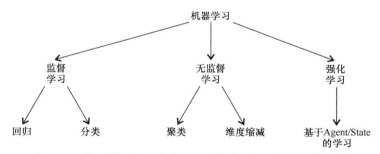

图 10.9　监督学习、无监督学习和强化学习 3 种模型的关系

每一种类型的机器学习模型都有其优势和劣势，简单总结如下。

● 监督学习：它利用预测因子和被预测变量之间的关系，预测未来的观测值。

监督学习的优势如下：

○ 可以对未来进行预测；

○ 可以量化预测因子和被预测对象之间的关系；

      ◦   可以表示变量之间互相影响的强度。

监督学习的劣势如下：

      ◦   需要标签数据，而这些数据很难获得。

- 无监督学习：它用于识别数据点之间的相似性和差异。

无监督学习的优势：

      ◦   可以从数据点中找出人类无法察觉的相似性，对数据点进行聚类；

      ◦   可以是监督学习的前置处理步骤，比如对一批数据点进行聚类后，将聚类结果作为监督学习模型的预测结果；

      ◦   可以使用无标签数据，而这些数据很容易获得。

无监督学习的劣势：

      ◦   无法进行预测；

      ◦   无法决定结果是否准确；

      ◦   过多依赖于人的解释能力。

- 强化学习：它依赖于奖惩系统，鼓励模型在特定环境采取行动。

强化学习的优势：

      ◦   复杂的奖惩系统能够产生复杂的 AI 系统；

      ◦   可以在任何环境中学习，包括我们的生活。

强化学习的劣势：

      ◦   模型在初期是不稳定的，在它意识到哪些选择会得到惩罚之前，它可能会做出糟糕的选择。比如，在自动驾驶模型没有因为汽车撞上墙而得到惩罚之前，它可能会让汽车撞上墙；

      ◦   模型测试完所有的可能性需要花费一点时间；

      ◦   模型只选择最安全的策略，因为它会极力避免得到惩罚。

10.5　统计模型如何纳入以上分类

本章直到现在一直在谈论"机器学习"。你可能好奇统计学模型在其中扮演什么角色。这个话题在数据科学领域还存有争议，但在我看来，统计学模型是机器学习模型的另一种说法，这些模型高度依赖概率论和统计学的数学原理，从变量中寻找关系（通常用于预测）。

接下来我们将重点介绍一种概率统计学模型——线性回归模型。

10.6　线性回归

我们终于开始研究机器学习模型啦！线性回归模型是回归模型的一种，它是一种通过预测因子和响应变量之间的关系进行预测的机器学习模型。响应变量通常是连续型变量。模型会寻找最合适的拟合线。

在线性回归案例中，预测因子和响应变量之间的关系可以用数学公式表示如下：

$$y = \beta_0 + \beta_1 x_1 + \beta_2 x_2 + \cdots + \beta_n x_n$$

其中：

● y 是响应变量；

● x_i 是第 i 个变量（第 i 列或第 i 个预测因子）；

● β_0 是截距；

● β_i 是第 i 个变量的相关系数。

下面我们研究一个案例，数据集来自 Kaggle 网站，我们用模型预测特定日期所需的共享单车数量。

```
# read the data and set the datetime as the index
# taken from Kaggle: https://www.kaggle.com/c/bike-sharing-demand/data
import pandas as pd
```

```
import matplotlib.pyplot as plt
%matplotlib inline
url = 'https://raw.githubusercontent.com/justmarkham/DAT8/master/data/
bikeshare.csv'
bikes = pd.read_csv(url)

bikes.head()
```

图 10.10 中的每行数据表示每小时共享单车的使用情况。我们希望预测 count 列的值，它表示每小时共享单车租用的总数量。

	datetime	season	holiday	workingday	weather	temp	atemp	humidity	windspeed	casual	registered	count
0	2011-01-01 00:00:00	1	0	0	1	9.84	14.395	81	0	3	13	16
1	2011-01-01 01:00:00	1	0	0	1	9.02	13.635	80	0	8	32	40
2	2011-01-01 02:00:00	1	0	0	1	9.02	13.635	80	0	5	27	32
3	2011-01-01 03:00:00	1	0	0	1	9.84	14.395	75	0	3	10	13
4	2011-01-01 04:00:00	1	0	0	1	9.84	14.395	75	0	0	1	1

图 10.10　共享单车的数据集

我们先用 temp 列（温度）和 count 列（租用量）做散点图，如图 10.11 所示。

```
bikes.plot(kind='scatter', x='temp', y='count', alpha=0.2)
plt.show()
```

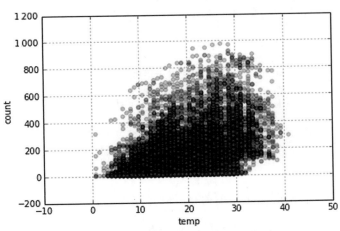

图 10.11　用 temp 和 count 列做散点图

接着我们使用 seaborn 模块，在图 10.11 中绘制最佳拟合线。

```
import seaborn as sns #using seaborn to get a line of best fit
sns.lmplot(x='temp', y='count', data=bikes, aspect=1.5, scatter_
kws={'alpha':0.2})
plt.show()
```

图 10.12 中的斜线是对 temp 列和 count 列关系的量化和可视化。我们只需提供一个温度，就可以根据预测线的位置预测共享单车使用量。比如，如果温度是 20℃，预测线显示可能有 200 辆自行车被租用。如果温度升高到 40℃，自行车租用量将超过 400 辆！因此，表面上看起来共享单车租用量随气温的升高而增加。

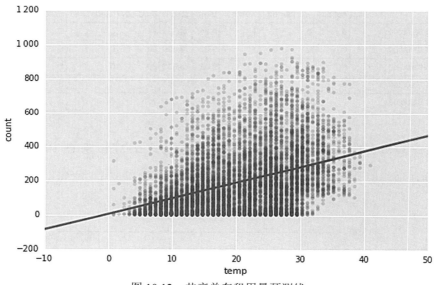

图 10.12　共享单车租用量预测线

下面我们用相关系数量化变量间的关系，验证它们是否和表面上看起来的规律一致。

```
bikes[['count', 'temp']].corr()
# 0.3944
```

可见，两个变量有微弱的正相关关系！回到线性回归公式：

$$y = \beta_0 + \beta_1 x_1 + \beta_2 x_2 + \cdots + \beta_n x_n$$

在图 10.12 中，模型试图绘制出由每个数据点组成的完美的预测线。但是，我们可以明显地看出，图中并不存在完美的预测线！因此模型将退而求其次，找出最佳拟合的预测线。这是如何实现的呢？理论上，我们可以画出很多条逼近数据点的线，但哪条线才是最好的呢？

如图 10.13 所示，在线性回归模型中，我们只需给定 x 和 y，模型将找出最佳的**贝塔系数（beta coefficients）**，也叫做**模型系数（model coefficients）**。

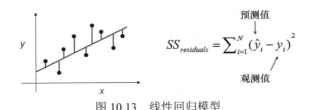

图 10.13　线性回归模型

在图 10.13 中：

● 黑色点是观测值。

● 蓝色线是最佳拟合线。

● 把黑色点和蓝色线连接起来的红色线被称作**残差（residual）**，它们是观测值到拟合线的距离，也是拟合线偏离观测点的距离。

每个数据点和最佳拟合线之间都有残差，或者说都有一段距离。对所有残差平方后再相加得到**残差平方和（sum of squared residuals）**，残差平方和最小的拟合线就是最佳拟合线。下面我们在 Python 中计算最佳拟合线：

```
# create X and y
feature_cols = ['temp'] # a lsit of the predictors
X = bikes[feature_cols] # subsetting our data to only the predictors
y = bikes['count'] # our response variable
```

请注意变量 X 和 y 的生成方式，它们分别是预测因子和响应变量。

接着导入机器学习模块 scikit-learn，如下所示：

```
# import scikit-learn, our machine learning module
from sklearn.linear_model import LinearRegression
```

最后，根据预测因子和响应变量进行拟合，如下所示：

```
linreg = LinearRegression() #instantiate a new model
linreg.fit(X, y) #fit the model to our data

# print the coefficients
print linreg.intercept_
print linreg.coef_
6.04621295962 # our Beta_0
[ 9.17054048]    # our beta parameters
```

- 截距 β_0 (6.04)是当 $x=0$ 时 y 的值。换言之，它指当温度为0℃时，被租用的共享单车数量。β_0 约等于6，说明温度为0℃时，只有6辆自行车被租用（可能因为天气寒冷）。

有时候，截距可能并没有意义。回忆一下有关数据层次的相关内容，并不是所有数据等于0时都有意义。回到本例，温度为0℃时对应的共享单车租用量是有意义的数字。但请记住，以后你要经常问自己当某个变量为0时是否有意义。

- β_1 (9.17)是温度系数，如图 10.14 所示。

    ○ 它等于 y 的变化值除以 x_1 的变化值；

    ○ 它表明了 X 和 y 如何同时变化；

    ○ β_1 约等于9，说明温度每升高1℃，共享单车租用量将增加9辆；

    ○ 温度系数的符号非常重要。当它为负数时表明随着温度升高，共享单车租用量将下降。

我觉得有必要再次强调一遍，线性回归模型中的贝塔系数体现的仅仅是变量之间的相关性，而不是因果关系！我们无法得出"温度的升高导致了自行车租用量增加"这样的结论，它们仅仅是向相同的方向变化而已。

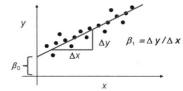

图 10.14　线性回归模型中的贝塔系数

接下来就可以用模型进行预测！

```
linreg.predict(20)
# 189.4570
```

当温度为20℃时，可能有190辆共享单车被租用。

10.6.1　增加更多预测因子

在模型中增加预测因子非常简单，只需要告诉 scikit-learn 新的预测因子即可。在修改模型之前，我们先研究一下数据集，搞清楚每个预测因子的含义。

- season：1 表示 spring（春天），2 表示 summer（夏天），3 表示 fall（秋天），4 表示 winter（冬天）。

- holiday：当天是否假期。

- workingday：当天是否周末或工作日。

- weather：

（1）晴天，少云；

（2）薄雾，薄雾+阴天，薄雾+碎云，薄雾+少云；

（3）小雪，小雨+散云，小雨+散云+雷电；

（4）大雨+冰雹+雷电+薄雾，雪+浓雾。

- temp：温度。

- atemp：体感温度。

- humidity：空气湿度。

- windspeed：风速。

- casual：租客中未注册的人数。

- registered：租客中已注册的人数。

- count：租用量。

下面我们生成回归模型。我们先创建一个列表存储预测因子特征，再生成预测因子和响应变量（X 和 y），最后对线性回归模型进行拟合。一旦模型完成了拟合，我们就能搞清楚预测因子和响应变量间的关系。

```
# create a list of features
```

```
feature_cols = ['temp', 'season', 'weather', 'humidity']
# create X and y
X = bikes[feature_cols]
y = bikes['count']

# instantiate and fit
linreg = LinearRegression()
linreg.fit(X, y)

# pair the feature names with the coefficients
zip(feature_cols, linreg.coef_)
```

得到的结果如下：

```
[('temp', 7.8648249924774403),
 ('season', 22.538757532466754),
 ('weather', 6.6703020359238048),
 ('humidity', -3.1188733823964974)]
```

这意味着：

● 保持其他预测因子不变，温度每增加 1 个单位，共享单车租用量增加 7.86 辆；

● 保持其他预测因子不变，季节每增加 1 个单位，共享单车租用量增加 22.5 辆；

● 保持其他预测因子不变，天气每增加 1 个单位，共享单车租用量增加 6.67 辆；

● 保持其他预测因子不变，湿度每增加 1 个单位，共享单车租用量减少 3.12 辆。

这个结果非常有意思。随着天气的增加（逐渐变阴天），共享单车租用量在增加。同时随着季节的增加（逐渐接近冬天），共享单车租用量也在增加。这不太符合我们的预期！

下面我们来看每个预测因子和响应变量组成的散点图，如图 10.15 所示。

```
feature_cols = ['temp', 'season', 'weather', 'humidity']
# multiple scatter plots
sns.pairplot(bikes, x_vars=feature_cols, y_vars='count', kind='reg')
plt.show()
```

请注意天气的预测线呈向下趋势，这与模型得出的结果完全相反！我们开始怀疑哪些预测因子能够帮助我们预测，哪些预测因子是无用的噪声。为了进行区分，我们需要使用更高级的指标。

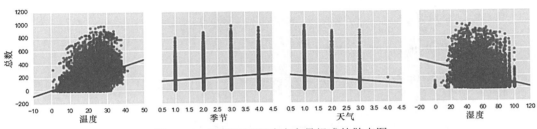

图 10.15　预测因子和响应变量组成的散点图

10.6.2　回归指标

线性回归模型有 3 种主要的指标：

- 平均绝对误差（MAE）；

- 均方误差（MSE）；

- 均方根误差（RMSE）。

以上指标的原理是通过将回归模型的预测因子和真实值进行比较，量化模型的有效性。但 3 个指标又略有差异，有不同的用途。

平均绝对误差（MAE）是误差绝对值之和的平均值：

$$\frac{1}{n}\sum_{i=1}^{n}|y_i - \hat{y}_i|$$

均方误差（MSE）是误差平方之和的平均值：

$$\frac{1}{n}\sum_{i=1}^{n}(y_i - \hat{y}_i)^2$$

均方根误差（RMSE）是误差平方之和的平均值的平方根：

$$\sqrt{\frac{1}{n}\sum_{i=1}^{n}(y_i - \hat{y}_i)^2}$$

其中：

- n 是观测值的数量；

- y_i 是实际值；

- $\hat{y}_i$ 是预测值。

下面我们用 Python 计算以上指标。

```
# example true and predicted response values
true = [9, 6, 7, 6]
pred = [8, 7, 7, 12]
# note that each value in the last represents a single prediction for
a model
# So we are comparing four predictions to four actual answers

# calculate these metrics by hand!
from sklearn import metrics
import numpy as np
print 'MAE:', metrics.mean_absolute_error(true, pred)
print 'MSE:', metrics.mean_squared_error(true, pred)
print 'RMSE:', np.sqrt(metrics.mean_squared_error(true, pred))


MAE: 2.0
MSE: 9.5
RMSE: 3.08220700148
```

以下是对各指标的解释：

- 平均绝对误差（MAE）比较容易理解，它是模型误差的平均值。

- 均方误差（MSE）比平均绝对误差（MAE）更有使用价值，因为误差越大，在均方误差（MSE）中占有的权重越大。在实际应用中，这种计算方法更加合理。

- 均方根误差（RMSE）比均方误差（MSE）的应用更广，因为它容易解释和说明。

对于回归模型，推荐使用均方根误差（RMSE）。但是请记住，无论使用何种指标，它们都属于**损失函数（loss functions）**，因此，值越小越好。下面我们用均方根误差（RMSE）判断哪些列有助于预测，哪些列干扰了预测。

首先从温度开始。我们将按以下流程进行：

（1）生成变量 X 和 y；

（2）对线性回归模型进行拟合；

（3）基于 X，使用模型生成一列预测值；

（4）根据预测值和实际值，计算模型的均方根误差（RMSE）。

代码如下：

```
from sklearn import metrics
# import metrics from scikit learn

feature_cols = ['temp']
# create X and y
X = bikes[feature_cols]
linreg = LinearRegression()
linreg.fit(X, y)
y_pred = linreg.predict(X)
np.sqrt(metrics.mean_squared_error(y, y_pred)) # RMSE
# Can be interpreted loosely as an average error
#166.45
```

下面同时使用温度和湿度进行预测，代码如下：

```
feature_cols = ['temp', 'humidity']
# create X and y
X = bikes[feature_cols]
linreg = LinearRegression()
linreg.fit(X, y)
y_pred = linreg.predict(X)
np.sqrt(metrics.mean_squared_error(y, y_pred)) # RMSE
# 157.79
```

太棒了，指标变小了！我们继续使用更多变量进行预测，代码如下：

```
feature_cols = ['temp', 'humidity', 'season', 'holiday', 'workingday',
'windspeed', 'atemp']
# create X and y
X = bikes[feature_cols]
linreg = LinearRegression()
linreg.fit(X, y)
y_pred = linreg.predict(X)
np.sqrt(metrics.mean_squared_error(y, y_pred)) # RMSE
# 155.75
```

指标变得更小！表面上看，我们的模型越来越好，但实际上面临着一个风险。我们

首先用 X 和 y 对模型进行训练，接着让模型根据 X 进行预测。在机器学习中，这种做法是错误的，它会导致模型**过拟合（overfitting）**！换言之，模型记住了所有的数据，然后将数据反刍给我们。

你可以这样去理解。假设你是一名学生，上课的第一天老师说期末考试将非常难。为了让你更好地迎接考试，她不断给你布置练习题。当期末考试来临时，你惊奇地发现每个考题都曾在练习题中出现过！由于你已经练习过很多遍，清楚地记得每道题的答案，所以期末考试得了满分。

回归模型遇到的场景一样。如果对相同的数据进行拟合和预测，模型仅仅是记住了数据，并在有限的数据内越做越好。一种解决过拟合的方法是使用独立的训练数据集和测试数据集，工作原理如下：

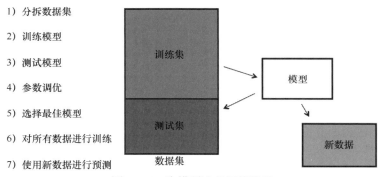

1）分拆数据集
2）训练模型
3）测试模型
4）参数调优
5）选择最佳模型
6）对所有数据进行训练
7）使用新数据进行预测

图 10.16　为模型准备训练数据

总结起来，我们将采取以下操作步骤：

（1）数据集拆分为**训练集（training set）**和**测试集（test set）**。

（2）首先使用训练集训练模型，接着使用测试集测试模型。就像学校里老师会讲解一些内容，考试时用看起来不一样但实际很相似的题目考试。

（3）一旦模型达到最佳状态（根据模型评价指标），我们就将模型推广到整个数据集。

（4）最后，模型做好了迎接新数据的准备。

我们的目的是最小化样本之外数据的误差，即最小化模型从未接触过的新数据的误差。这一点至关重要，因为监督模型最重要的用途是对未知情况进行预测。如果训练数据得到的模型无法对未知情况进行预测，说明模型质量还有待提高。

图 10.16 所示已经指明了如何为模型准备训练数据，并用模型对新数据进行预测的简单方法。当然，作为数据科学家，我们知道这些新数据对应的真实值，只是模型不知道而已。

图 10.16 中的步骤也许看起来很复杂，但幸运的是 scikit-learn 模块有内置的方法可以完成这项工作，代码如下：

```
from sklearn.cross_validation import train_test_split
# function that splits data into training and testing sets


feature_cols = ['temp']
X = bikes[feature_cols]
y = bikes['count']
# setting our overall data X, and y
# Note that in this example, we are attempting to find an association
between the temperature of the day and the number of bike rentals.

X_train, X_test, y_train, y_test = train_test_split(X, y) # split the
data into training and testing sets
# X_train and y_train will be used to train the model
# X_test and y_test will be used to test the model
# Remember that all four of these variables are just subsets of the
overall X and y.

linreg = LinearRegression()
# instantiate the model

linreg.fit(X_train, y_train)
# fit the model to our training set

y_pred = linreg.predict(X_test)
# predict our testing set

np.sqrt(metrics.mean_squared_error(y_test, y_pred)) # RMSE
# Calculate our metric: 166.91
```

我们将在第 12 章详细解释使用训练集和测试集的原因，同时介绍一些有用的新方法。我们现在只需要知道使用训练集和测试集的目的是避免陷入模型反刍已知数据，无法对新数据进行预测的陷阱。换句话说，拆分数据集可以使模型评价指标更准确地评价模型的表现。

接下来我们在模型中添加更多特征进行预测。

```
feature_cols = ['temp', 'workingday']
X = bikes[feature_cols]
y = bikes['count']

X_train, X_test, y_train, y_test = train_test_split(X, y)
# Pick a new random training and test set

linreg = LinearRegression()
linreg.fit(X_train, y_train)
y_pred = linreg.predict(X_test)
# fit and predict

np.sqrt(metrics.mean_squared_error(y_test, y_pred))
# 166.95
```

模型在加入新的预测因子后，预测效果反而变得更糟。这说明变量 workingday 不是预测共享单车租用量的有效特征。

即便如此，我们如何知道模型的预测能力是否已经足够好了呢？模型的均方根误差（RMSE）接近 167 辆，这个数字真的好吗？一种评价模型优劣的方法是使用**空模型（null model）**。

监督学习中的空模型指完全靠瞎猜得到的预测结果。对于回归模型，如果我们将每小时平均共享单车租用量作为瞎猜的结果，模型的预测效果如何呢？

首先，我们计算平均每小时共享单车租用量，如下所示：

```
average_bike_rental = bikes['count'].mean()
average_bike_rental
# 191.57
```

这意味着对于整个数据集，如果不考虑天气、时间、周末、体感温度等因素，平均每小时自行车租用量是 192 辆。

下面我们做一个假的预测结果集，每一次的预测结果都是 191.57，如下所示：

```
num_rows = bikes.shape[0]
num_rows
# 10886
All 10,886 of them.
null_model_predictions = [average_bike_rental]*num_rows
null_model_predictions
[191.57413191254824,
 191.57413191254824,
 191.57413191254824,
 191.57413191254824,
 …
 191.57413191254824,
 191.57413191254824,
 191.57413191254824,
 191.57413191254824]
```

现在，我们有 10 886 个相等的值。下面，我们计算空模型（纯粹靠瞎猜）的均方根误差：

```
np.sqrt(metrics.mean_squared_error(y, null_model_predictions))
181.13613
```

空模型的均方根误差是 181 辆。因此，我们仅仅使用了两个特征，模型的预测准确率就可以击败空模型。事实上，击败空模型是机器学习的最低要求。试想，如果我们辛辛苦苦生成的模型还没有瞎猜准确，那还有意义吗？

我们已经花了大量篇幅介绍回归模型，下面将介绍另一个重要的机器学习模型——Logistic 模型。Logistic 回归模型有点像回归模型的兄弟，它们的核心思想非常相似，但具体用途略有差异。回归模型用于预测连续型数值，Logistic 回归模型则用于根据特征对数据点进行分类，属于分类模型。

10.7 Logistic 回归

我们介绍的第 1 个分类模型是 **Logistic 回归（logistic regression）**。我猜你可能会问

Logistic 是什么？既然是分类算法，为什么叫作回归模型呢？别着急，我们一点点解释。

Logistic 回归模型是线性回归模型的泛化，用以解决分类问题。在线性回归模型中，我们用一系列定量特征预测连续型响应变量。但是在 Logistic 回归模型中，我们用一系列定量特征预测观测对象属于某一分类的概率。概率又可以映射到类型标签，最终实现对观测对象进行分类。

使用线性回归模型时，我们用以下函数进行拟合：

$$y = \beta_0 + \beta_1 x$$

其中，y 是响应变量（被预测的对象），β 是模型的参数，x 是输入的变量（公式中只有 1 个输入变量，实际使用时可以有多个输入变量）。

简单来说，假设待解决的分类问题有一个叫"类别 1"的分类，那么我们用以下函数生成 Logistic 模型：

$$P(y = 1 \mid x) = \frac{e^{\beta_0 + \beta_1 x}}{1 + e^{\beta_0 + \beta_1 x}}$$

其中，$P(y = 1 \mid x)$ 表示给定数据 x 的前提下，响应变量属于"类别 1"的条件概率。你可能在想函数右边那一大串符号究竟是什么意思？符号 e 是什么？实际上，函数右边的部分叫作 **Logistic 函数（logistic function）**，它很神奇！符号 e 不是变量，它和圆周率符号 π 一样，是特殊的常量。

e 被称作**欧拉常数（Euler's number）**，约等于 2.718。它经常用来对自然增长或衰减的事物进行建模。比如，科学家用欧拉常数对细菌或水牛的繁殖情况建模。欧拉常数还可以计算化学物质的放射性衰变情况和连续复利利息。今天，我们将它用在机器学习模型中。

为什么我们不能用下面这样的线性回归公式直接预测数据点属于哪个分类的概率呢？

$$P(y = 1 \mid x) = y = \beta_0 + \beta_1 x$$

这样做是不可行的，最大的原因是线性回归模型预测的对象是连续型变量，也就是说，模型假设 y 是连续的。在本例中，y 是某事件发生的概率，虽然 y 确实是一个连续变量，但它仅仅是连续区间而已——y 值只能介于 0～1。线性回归的预测范围远远超过 0～

1，它可以预测出−4～1542 这样的结果。显然，概率不能等于这些值。我们希望模型的预测结果恰好介于 0～1，就像真实的概率分布一样。

另一个原因则偏向理论化。使用线性回归模型时存在一些假设前提，最重要的假设是概率和特征之间存在线性关系。但实际上，我们更倾向于使用平滑曲线，而不是一条枯燥的线表示概率。我们需要更合理的回归方法。因此，让我们再回顾一下概率论。

10.8 概率、几率和对数几率

我们已经很熟悉概率，概率等于事件发生的次数除以所有可能的结果。假设有 3 000人进入商店，其中 1 000 人进行了购物，那么任意一人购物的概率是：

$$P(购物) = \frac{1000}{3000} = \frac{1}{3} = 33.3\%$$

与此同时，我们还有另一个相关的概念叫作**几率（odds）**。几率等于事件发生的次数除以其他所有可能的结果，而不是所有可能的结果。在同样的例子中，任意一人购物的几率是：

$$Odds(购物) = \frac{1000}{2000} = \frac{1}{2} = 50\%$$

这意味着每成功转化 1 名客户购物，都有 2 名客户没有转化成功。

这两个概念有很大关联，甚至有一个公式对它们进行转换：

$$Odds = \frac{P}{1-P}$$

我们用以上案例验证公式：

$$Odds = \frac{\frac{1}{3}}{1-\frac{1}{3}} = \frac{\frac{1}{3}}{\frac{2}{3}} = \frac{1}{2}$$

两个结果完全一致！

下面我们用 Python 计算一组概率和概率对应的几率，代码如下：

```
# create a table of probability versus odds
table = pd.DataFrame({'probability':[0.1, 0.2, 0.25, 0.5, 0.6, 0.8,
0.9]})
table['odds'] = table.probability/(1 - table.probability)
table
```

从图 10.17 可以看出，随着概率的增加，几率也在增加，且几率增加的速度更快！事实上，当概率接近 1 时，几率接近正无穷大。我们之前曾说，无法用线性回归模型预测概率的原因是线性回归模型的预测结果可以逼近无穷小和无穷大，导致预测的概率不正确。那可不可以对几率进行回归预测呢？事实上，虽然几率的取值范围逼近正无穷，但几率永远大于 0。因此，我们仍然无法对概率和几率进行线性回归预测。看起来我们陷入了僵局。

	概率	几率
0	0.10	0.111111
1	0.20	0.250000
2	0.25	0.333333
3	0.50	1.000000
4	0.60	1.500000
5	0.80	4.000000
6	0.90	9.000000

图 10.17　概率和几率的关系

等等！自然数和对数也许能拯救我们！考虑以下对数公式：

$$如果\,2^4=16,\,那么\log_2 16 = 4$$

简单地说，对数和指数是相通的。我们经常使用对数，却忘了它还有另一种表示形式。求解指数等同于求解：**给定数字为底，对数取几时，结果和目标值相等？**

Python 中 np.log 可以自动计算所有以 e 为底的对数，这正是我们想要的功能。

```
np.log(10) # == 2.3025
# meaning that e ^ 2.302 == 10

# to prove that
2.71828**2.3025850929940459 # == 9.9999
# e ^ log(10) == 10
```

我们更进一步，计算概率对应的几率和对数几率（Log-odds，也称为 Logit），如下所示：

```
# add log-odds to the table
table['logodds'] = np.log(table.odds)
table
```

图 10.18 显示了事件发生的概率、几率和对数几率之间的关系。我们随意选取一个概率，验证是否正确，比如 $p=0.25$。

```
prob = .25

odds = prob / (1 - prob)
odds
# 0.33333333

logodds = np.log(odds)
logodds
# -1.09861228
```

	概率	几率	对数几率
0	0.10	0.111111	-2.197225
1	0.20	0.250000	-1.386294
2	0.25	0.333333	-1.098612
3	0.50	1.000000	0.000000
4	0.60	1.500000	0.405465
5	0.80	4.000000	1.386294
6	0.90	9.000000	2.197225

图 10.18　概率、几率、对数几率
之间的关系

完全正确！请注意对数几率看起来既可以大于 0，也可以小于 0。实际上，对数几率既没有上界，也没有下界。它是线性回归最佳的响应变量。事实上，这正是 Logistic 回归的起点。

Logistic 回归的数学原理

简单来说，Logistic 回归是一种线性回归，它用特征 X 预测观测对象属于某一特定类别的对数几率。为了更好地泛化，我们用 true 表示观测对象属于某一类别。

假设 p 表示数据点属于特定类别的概率，那么 Logistic 回归的公式可以表示为：

$$\log_e\left(\frac{p}{1-p}\right) = \beta_0 + \beta_1 x$$

对上述公式求解变量 p，得到的就是 Logistic 函数，它的图形呈 S 形，y 轴的值介于 0～1。

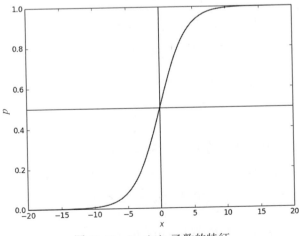

图 10.19　Logistic 函数的特征

$$p = \frac{e^{\beta_0 + \beta_1 x}}{1 + e^{\beta_0 + \beta_1 x}}$$

图 10.19 体现了 Logistic 函数的特征，它能将任何连续型变量 x，通过平滑的概率曲线映射到最小为 0、最大为 1 的概率区间上，且随着变量 x 的增加，概率自然平滑地增加到 1。换句话说：

● Logistic 回归的输出结果是数据点属于某一特定类别的概率；

● 这些概率可以被转化为分类预测。

Logistic 函数还有一些属性，比如：

● 它呈 S 形曲线；

● 它的输出结果介于 0～1，符合概率的分布区间。

为了更好地理解 Logistic 函数，我们必须理解概率和几率的区别。几率等于事件的概率除以互补事件的概率，如下所示：

$$Odds = \frac{P}{1 - P}$$

在线性回归中，参数 β_1 表示 x 发生 1 单位变化，响应变量的变化值。在 Logistic 回归中，β_1 表示 x 发生 1 单位变化，对数几率的变化值；e^{β_1} 表示 x 发生 1 单位变化，几率的变化值。

假设我们研究手机购买行为，变量 y 是分类标签"购买"或"未购买"，变量 x 表示手机品牌是否为 iPhone。假设我们使用 Logistic 回归模型，参数 β_1=0.693。

因此，我们可以计算几率为 np.exp(0.693)=2，也就是说手机品牌为 iPhone 的购买几率是其他品牌的两倍。

我们介绍的大部分案例都是二元分类，即预测结果只有一到两种情况。实际上，通过使用一对多方法，Logistic 回归可以预测出更多结果，即模型可以计算多个响应变量的概率曲线。

回到共享单车租赁案例，我们继续使用 scikit-learn 模块进行 Logistic 回归。我们新建一个分类响应变量。为了简化起见，假设该列叫 above_average，表示每个小时自行车租用量是否高于平均值。

```
# Make a cateogirical response
bikes['above_average'] = bikes['count'] >= average_bike_rental
```

正如前面所说，我们需要和空模型进行对比。对于回归问题，空模型通常将平均值作为预测结果，但是对于分类问题，空模型通常将最常出现的类别作为预测结果。我们用 Pandas 的 value_counts 方法统计每个类别出现的次数。结果显示，接近 60% 的时间共享单车租用量都低于平均值。

```
bikes['above_average'].value_counts(normalize=True)
#False 0.599853
#True 0.400147
```

下面我们尝试用 Logistic 回归模型预测指定时间的共享单车租用量是否高于平均值，如下所示：

```
from sklearn.linear_model import LogisticRegression

feature_cols = ['temp']
# using only temperature

X = bikes[feature_cols]
y = bikes['above_average']
# make our overall X and y variables, this time our y is
# out binary response variable, above_average

X_train, X_test, y_train, y_test = train_test_split(X, y)
# make our train test split

logreg = LogisticRegression()
# instantate our model

logreg.fit(X_train, y_train)
# fit our model to our training set

logreg.score(X_test, y_test)
# score it on our test set to get a better sense of out of sample
performance

# 0.65650257
```

结果显示，仅仅使用温度特征，模型的预测准确度就高于空模型。这是模型优化的第一步。

对于线性回归和 Logistic 回归，我们已经有很多机器学习工具可以使用。但是大家可能还有一个疑问，这两个模型都只能使用定量数据列（定量特征）进行预测，如果我们已经知道某个分类特征和响应变量之间有关联，该怎么办呢？

10.9　哑变量

当我们希望将分类特征转换为定量特征时，就要用到**哑变量（dummy variables）**。我们曾经介绍过两种分类特征：定类尺度和定序尺度。定序尺度特征有自然的顺序，而定类尺度特征则没有。

哑变量指定性数据被重新编码后的新数据，它将定性数据的每个值转换为由真（1）或假（0）组成的新数据。

比如，假设数据集某一列存储了学校专业名称，我们希望在线性或 Logistic 回归模型中使用这些信息，但前提是它们必须是数字类型而不是文本类型。因此，对于每一行文本，我们需要用新的一列表示它的值。初始列有以下 4 个不同的专业：Computer Science、Engineering、Business 和 Literature，经过转换后得到以下 3 列（删除了 Computer Science 列），如图 10.20 所示。

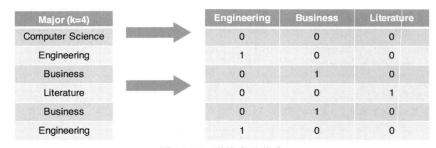

图 10.20　学校专业信息

请注意，第 1 行中每 1 列都等于 0，这意味着该行对应的学生不属于 Engineering、

Business 和 Literature 中任何一个专业。第 2 行 Engineering 列等于 1，说明该行对应的学生属于 Engineering 专业。

回到共享单车租赁案例，我们新增一列 when_is_it，它的值有以下 4 种可能：

（1）上午（Morning）；

（2）下午（Afternoon）；

（3）高峰时间（Rush_hour）；

（4）空闲时间（Off_hours）。

为了计算 when_is_it，我们需要首先增加一列表示时间的列，再利用该列判断处于一天中哪个时间段，最后研究 when_is_it 列能否帮我们预测 above_average 列。

```
bikes['hour'] = bikes['datetime'].apply(lambda x:int(x[11]+x[12]))
# make a column that is just the hour of the day
bikes['hour'].head()
0
1
2
3
```

很棒，下面我们定义一个将时间转换为字符串的函数。比如，我们将上午 5 点至上午 11 点定义为上午，上午 11 点至下午 4 点定义为下午，下午 4 点至下午 6 点定义为高峰时间，剩下的时间段定义为空闲时间。

```
# this function takes in an integer hour
# and outputs one of our four options
def when_is_it(hour):
    if hour >= 5 and hour < 11:
        return "morning"
    elif hour >= 11 and hour < 16:
        return "afternoon"
    elif hour >= 16 and hour < 18:
        return "rush_hour"
    else:
        return "off_hours"
```

我们将这个函数应用到时间列，计算结果放在 when_is_it 列，如图 10.21 所示。

```
bikes['when_is_it'] = bikes['hour'].apply(when_is_it)
bikes[['when_is_it', 'above_average']].head()
```

	when_is_it	above_average
0	off_hours	False
1	off_hours	False
2	off_hours	False
3	off_hours	False
4	off_hours	False

图 10.21　计算结果

我们用新生成的列判断这些时间段的共享单车出租量是否高于平均值。在此之前，我们先做一些探索性数据分析，通过可视化分析每天这 4 个时间段的自行车出租情况。我们用条形图表示每个时间段，柱子的高度表示该时间段的共享单车出租量高于平均出租量的概率，如图 10.22 所示。

```
bikes.groupby('when_is_it').above_average.mean().plot(kind='bar')
plt.show()
```

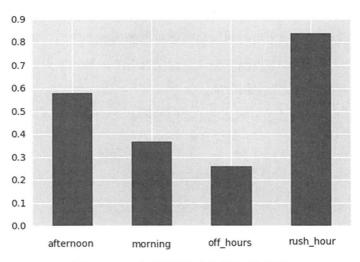

图 10.22　4 个时间段的共享单车租用情况

很明显，各时间段的出租量有较大的差异！处于空闲时间段时，自行车出租量高于平均值的概率是 25%，然而处于高峰时间段时，共享单车出租量高于平均值的概率是 80%！这个结果非常有意思。下面我们用 Python 内置的工具生成哑变量，如图 10.23 和图 10.24 所示。

```
when_dummies = pd.get_dummies(bikes['when_is_it'], prefix='when__')
when_dummies.head()
```

	when___afternoon	when___morning	when___off_hours	when___rush_hour
0	0.0	0.0	1.0	0.0
1	0.0	0.0	1.0	0.0
2	0.0	0.0	1.0	0.0
3	0.0	0.0	1.0	0.0
4	0.0	0.0	1.0	0.0

图 10.23 用 Python 内置的工具生成哑变量（一）

```
when_dummies = when_dummies.iloc[:, 1:]
# remove the first column
when_dummies.head()
```

	when___morning	when___off_hours	when___rush_hour
0	0.0	1.0	0.0
1	0.0	1.0	0.0
2	0.0	1.0	0.0
3	0.0	1.0	0.0
4	0.0	1.0	0.0

图 10.24 用 Python 内置的工具生成哑变量（二）

很棒！我们已经将分类特征转换为数值型，下面就可以使用 Logistic 回归模型。

```
X = when_dummies
# our new X is our dummy variables
y = bikes.above_average

logreg = LogisticRegression()
# instantate our model

logreg.fit(X_train, y_train)
# fit our model to our training set
```

```
logreg.score(X_test, y_test)
# score it on our test set to get a better sense of out of sample
performance

# 0.685157
```

模型的预测效果比单独使用温度特征好多了！如果我们在模型中加入温度特征和湿度特征会怎么样呢？下面，我们就同时使用温度、湿度和由时间生成的哑变量一起预测共享单车出租量是否超过平均值。

```
new_bike = pd.concat([bikes[['temp', 'humidity']], when_dummies],
axis=1)
# combine temperature, humidity, and the dummy variables

X = new_bike
# our new X is our dummy variables
y = bikes.above_average

X_train, X_test, y_train, y_test = train_test_split(X, y)

logreg = LogisticRegression()
# instantate our model

logreg.fit(X_train, y_train)
# fit our model to our training set

logreg.score(X_test, y_test)
# score it on our test set to get a better sense of out of sample
performance

# 0.7182218
```

好啦，这个例子到此为止。

10.10　总结

本章中，我们主要研究了机器学习。我们分别介绍了监督学习、无监督学习和强化学习的学习策略，以及它们适用的使用场景。

通过线性回归模型，我们能够找出预测因子和连续型响应变量之间的关系。通过将数据集拆分为训练数据和测试数据，我们可以避免机器学习模型过度拟合，从而进行更加泛化的预测。我们还可以使用各种指标，比如均方根误差（RMSE），对模型效果进行评价。

通过将线性回归扩展到 Logistic 回归，我们可以找出预测因子和分类响应变量之间的关系。通过在模型中增加哑变量，我们可以将分类特征引入到模型，提升模型的预测能力。

在接下来的章节中，我们将更加深入地研究机器学习模型，学习更多新指标和模型评价技巧。当然，更重要的是我们将学习把数据科学应用到现实世界的新方法。

第 11 章
树上无预言，真的吗

本章中，我们将介绍 3 种不同类型的机器学习算法，前两个案例使用监督学习算法，最后一个案例使用无监督学习算法。

本章的目的是让你掌握之前介绍过的概念，利用现代机器学习算法，从真实数据集中获得洞察，做出更准确的预测。当我们使用机器学习算法时，要始终牢记各种评价模型质量的指标。

11.1 朴素贝叶斯分类

下面就开始吧！我们首先研究朴素贝叶斯分类。该学习模型非常依赖之前章节的内容，特别是贝叶斯推理：

$$P(H|D) = \frac{P(D \mid H)P(H)}{P(D)}$$

下面我们逐一介绍公式中的值：

- $P(H)$是在观察数据前，假设发生的概率，称为**先验概率（prior probability）**；

- $P(H|D)$是在已知观察数据后，假设发生的概率，也是我们想要计算的结果，称为**后验概率（posterior probability）**；

- $P(D|H)$是已知假设条件下数据的概率，称为**似然度（likelihood）**；

● $P(D)$是在任何假设条件下数据的概率，称为**归一化常数（normalizing constant）**。

朴素贝叶斯分类属于分类模型，因此也是监督学习模型。请问该模型需要输入哪种类型的数据？是标记数据，还是无标记数据？

如果你的回答是有标记数据，那么恭喜你，你正在通往数据科学家的道路上！

假设我们要对一个包含 n 个特征列（$x_1, x_2, \cdots, x_n$）和一个分类标签 C 的文本数据集进行垃圾文本分类。数据集中每一行表示独立的文本，如图 11.1 所示。特征列是文本中包含的词语，分类标签是"spam（垃圾邮件）"或"not spam（非垃圾邮件）"。在接下来的案例中，我们将用更简单的词语"ham"表示非垃圾邮件。

```
import matplotlib.pyplot as plt
import pandas as pd
import sklearn
df = pd.read_table('https://raw.githubusercontent.com/sinanuozdemir/
sfdat22/master/data/sms.tsv',
                    sep='\t', header=None, names=['label', 'msg'])
df
```

	label	msg
0	ham	Go until jurong point, crazy.. Available only ...
1	ham	Ok lar... Joking wif u oni...
2	spam	Free entry in 2 a wkly comp to win FA Cup fina...
3	ham	U dun say so early hor... U c already then say...
4	ham	Nah I don't think he goes to usf, he lives aro...
5	spam	FreeMsg Hey there darling it's been 3 week's n...
6	ham	Even my brother is not like to speak with me. ...
7	ham	As per your request 'Melle Melle (Oru Minnamin...

图 11.1　数据集示例

我们先对以上结果进行统计分析，以便加深对数据集的了解。我们对比数据中 ham 和 spam 分类的差异：

```
df.label.value_counts().plot(kind='bar')
plt.show()
```

得到的条形图如图 11.2 所示。

从图 11.2 可见，ham 类信息的数量远远高于 spam 类。这是一个分类时需要关注的问题，因为这对于了解**空准确率（null accuracy rate）**非常重要。空准确率指完全靠瞎猜预测的准确率。

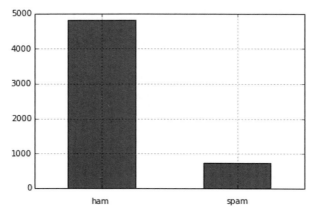

图 11.2　数据中 ham 和 spam 分类的差异

```
df.label.value_counts() / df.shape[0]
```

```
ham      0.865937
spam     0.134063
```

可见，在我们瞎猜的情况下，有 87% 的概率猜对邮件是非垃圾邮件。但是我们还有更好的办法！如果我们有一个分类结果集 C 和特征集 x_i，那么我们可以利用贝叶斯定理对某一行的分类概率进行预测，公式如下：

$$P(classC|\{x_i\})=\frac{P(\{x_i\}|classC)P(classC)}{P(\{x_i\})}$$

其中：

● $P(classC|\{x_i\})$是已知$\{x_i\}$的前提下，该行文本属于 classC 的后验概率；

● $P(\{x_i\}|classC)$是已知该行属于 classC 的前提下的似然度；

● $P(classC)$是先验概率，指在获得数据之前，该行文本属于 classC 的概率；

● $P(\{x_i\})$是归一化常数。

假设一封电子邮件含有 send cash now 三个字符，我们使用朴素贝叶斯定理判断该邮件属于 spam 还是 ham：

$$P(spam|send\ cash\ now)= P(send\ cash\ now|\ spam) \times P(spam)/P(send\ cash\ now)$$

$$P(ham|send\ cash\ now)= P(send\ cash\ now|\ ham) \times P(ham)/P(send\ cash\ now)$$

我们更关心两个概率的差异。我们用以下标准对文本进行分类：

- 如果 $P(spam|send\ cash\ now)$大于 $P(ham|send\ cash\ now)$，将文本归类为 spam 类；

- 如果 $P(ham|send\ cash\ now)$大于 $P(spam|send\ cash\ now)$，将文本归类为 ham 类。

由于两个等式的分母中都含有 $P(send\ cash\ now)$，所以我们可以忽略它。我们真正需要关心的是：

$$P(send\ cash\ now|spam)\times P(spam)\ VS\ P(send\ cash\ now|ham)\times P(ham)$$

我们可以计算出以上等式的值：

- $P(spam)$=0.134 063。

- $P(ham)$=0.865 937。

- $P(send\ cash\ now\ |\ spam)$。

- $P(send\ cash\ now\ |\ ham)$。

最后两个似然度看起来也并不难计算。我们只需要计算出 spam 类邮件中包含 send cash now 字符的邮件数量，再除以 spam 类邮件的总数即可，Python 代码如下：

```
df.meg = df.msg.apply(lambda x:x.lower())
# make all strings lower case so we can search easier

df[df.msg.str.contains('send cash now')].shape
(0, 2)
```

结果是零！也就是说，没有一封 spam 类邮件包含 send cash now 这样的短语。实际上，我们面临的问题是由于这个短语过于精确，导致我们很难有足够多的样本统计该词语出现的次数。因此，贝叶斯理论中使用更朴素的假设，即每个特征（单词）都是条件独立的（指单词之间的出现不互相影响），所以我们可以重写以上公式：

$$P(send\ cash\ now|\ spam)= P(send\ |\ spam)\times P(cash|spam)\times P(now|spam)$$

```
spams = df[df.label == 'spam']
```

```
for word in ['send', 'cash', 'now']:
    print word, spams[spams.msg.str.contains(word)].shape[0] /
float(spams.shape[0])
```

- $P(send \mid spam)=0.096$

- $P(cash \mid spam)=0.091$

- $P(now \mid spam)=0.280$

所以我们可以计算以下公式的值：

$$P(send\ cash\ now \mid spam) \times P(spam)=(0.096 \times 0.091 \times 0.280) \times 0.134=0.000\ 32$$

重复以上步骤，我们有：

- $P(send \mid ham)=0.03$

- $P(cash \mid ham)=0.003$

- $P(now \mid ham)=0.109$

$$P(send\ cash\ now \mid ham) \times P(ham)=(0.03 \times 0.003 \times 0.109) \times 0.865=0.000\ 008\ 4$$

虽然两个数字都非常小，但不可忽视的事实是 spam 的概率远远大于 ham 的概率。我们用 0.000 32 除以 0.000 008 4，可以看出包含 send cash now 字符的邮件属于垃圾邮件的概率是非垃圾邮件概率的 38 倍！

因此，我们将包含 send cash now 字符的邮件归为垃圾邮件。

下面我们使用 Python 制作朴素贝叶斯分类器，这一次不再需要亲自计算所有值。

首先，我们需要使用 scikit-learn 中的计数向量器将文本转化为数值。假设我们有以下 3 段训练文本：

```
# simple count vectorizer example
from sklearn.feature_extraction.text import CountVectorizer
# start with a simple example
train_simple = ['call you tonight',
                'Call me a cab',
                'please call me... PLEASE 44!']

# learn the 'vocabulary' of the training data
vect = CountVectorizer()
```

```
train_simple_dtm = vect.fit_transform(train_simple)
pd.DataFrame(train_simple_dtm.toarray(), columns=vect.get_feature_
names())
```

图 11.3 中每一行表示一段文本，每一列表示文本中出现过的单词和出现的次数。

	44	cab	call	me	please	tonight	you
0	0	0	1	0	0	1	1
1	0	1	1	1	0	0	0
2	1	0	1	1	2	0	0

图 11.3　三段训练文本

我们可以使用计数向量器将新导入的测试文件转换成和训练数据集相同的格式，如图 11.4 所示。

```
# transform testing data into a document-term matrix (using existing
vocabulary, notice don't is missing)
test_simple = ["please don't call me"]
test_simple_dtm = vect.transform(test_simple)
test_simple_dtm.toarray()
pd.DataFrame(test_simple_dtm.toarray(), columns=vect.get_feature_
names())
```

请注意，在测试文件中有一个新词 don't。由于在训练数据集中没有这个词汇，导致向量器在对测试文件进行转换时忽略了它。这正是数据科学家们不遗余力增加训练数据集的原因！

	44	cab	call	me	please	tonight	you
0	0	0	1	1	1	0	0

图 11.4　新导入的测试数据

下面，我们在真实数据上进行操作。

```
# split into training and testing sets
from sklearn.cross_validation import train_test_split
X_train, X_test, y_train, y_test = train_test_split(df.msg, df.label,
random_state=1)


# instantiate the vectorizer
vect = CountVectorizer()
# learn vocabulary and create document-term matrix in a single step
```

```
train_dtm = vect.fit_transform(X_train)
train_dtm
```

```
<4179x7456 sparse matrix of type '<type 'numpy.int64'>'
```

数据集转化为 55 209 行压缩稀疏行格式数据。

请注意，数据集目前是稀疏矩阵格式，矩阵中含有大量零值，容量非常大。幸运的是，我们有专门处理这类格式的数据对象。

我们再看一下列数：7 456 列！这意味着训练数据集有 7 456 个互不相同的单词。下面将测试数据集按以上字典进行转化：

```
# transform testing data into a document-term matrix
test_dtm = vect.transform(X_test)
test_dtm
```

```
<1393x7456 sparse matrix of type '<type 'numpy.int64'>'
```

测试数据集有 17 604 行压缩稀疏行格式数据。

请注意，两个矩阵的列数完全一致，这是因为测试数据集完全按照字典格式进行转换，列数不会多，也不会少。

下面，我们生成朴素贝叶斯模型（和生成线性回归模型的过程类似）。

```
## MODEL BUILDING WITH NAIVE BAYES

# train a Naive Bayes model using train_dtm
# import our model
from sklearn.naive_bayes import MultinomialNB


nb = MultinomialNB()
# instantiate our model

nb.fit(train_dtm, y_train)
# fit it to our training set
```

现在，变量 *nb* 是拟合后的模型。在模型的训练阶段，我们需要计算每个特征在每个分类下的条件概率，即似然函数。

```
# make predictions on test data using test_dtm
preds = nb.predict(test_dtm)

preds

array(['ham', 'ham', 'ham', ..., 'ham', 'spam', 'ham'],
      dtype='|S4')
```

模型的预测阶段包括计算给定观测特征、每个分类的后验概率，并选择概率值最高的分类。

我们将使用 sklearn 内置的准确性和**混淆矩阵（confusion matrix）**对该模型的表现进行评价。

```
# compare predictions to true labels
from sklearn import metrics
print metrics.accuracy_score(y_test, preds)
print metrics.confusion_matrix(y_test, preds)

accuracy == 0.988513998564
confusion matrix ==
[[1203    5]
 [  11 174]]
```

首先，模型的准确率非常高！和瞎猜的准确率 87% 相比，99% 的准确率已经是巨大的进步！

混淆矩阵中每一行表示数据的真实类别，每一列表示被预测为该类的数量，比如左上角 1 203 表示真阴性。等等，阴性和阳性是什么意思？我们在模型中输入的是 spam 和 ham 类，不是阴性和阳性！

```
nb.classes_
array(['ham', 'spam'])
```

将这个结果和混淆矩阵对应后可知：

● 1 203 表示邮件属于 ham 类且模型正确地将它归为 ham 类。174 表示邮件属于 spam 类且模型正确地将它归为 spam 类。

● 反之，有 5 个属于 ham 类的邮件被模型错误地归为 spam 类，有 11 个属于 spam

类的邮件被模型错误地归为 ham 类。

总之，朴素贝叶斯分类器使用贝叶斯理论，根据各类别的先验概率，预测数据点最有可能属于哪个类别。

11.2　决策树

决策树（decision trees） 属于监督学习模型，可以用于回归和分类。

图 11.5 所示是 1986 年至 1987 年美国棒球大联盟（简称 MLB）的运动员数据，每个数据点表示联盟中的一名运动员。

- Years（x 轴）：参加大联盟的年数；
- Hits（y 轴）：上一年击球数；
- Salary（颜色）：蓝色和绿色表示低薪水，红色和黄色表示高薪水。

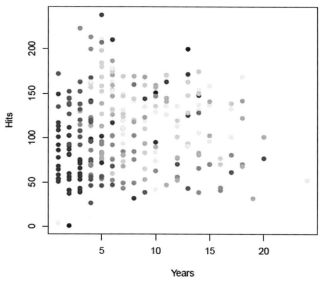

图 11.5　美国棒球大联盟的运动员数据

以上是训练数据。我们的目的是生成一个可以根据运动员参加大联盟的年数（Years）

和上一年击球数（Hits），预测其薪酬（Salary）的模型。决策树模型的原理是对训练数据进行分拆，将数据点按照相似程度分成若干片。决策树模型会进行不同类型的分拆，以提高预测的准确度。下面我们用以上数据搭建决策树模型，如图 11.6 所示。

从上至下看图 11.6：

图 11.6　决策树模型

- 首先以 Years<4.5 进行分拆，Years 字段值大于 4.5 的训练数据进入树的右枝，反之进入左枝。比如对于一名参加大联盟比赛年数小于 4.5 年的运动员，他将被分到左枝。

- 处于左枝的运动员平均薪酬是 166 000 美元，我们在树的节点上打上标签（薪酬除以 1 000 后进行了对数转换，以便于计算）。

- 处于右枝的运动员，再按 Hits<117.5 拆分为两个薪酬：403 000 美元（转换后为 6.00）和 846 000 美元（转换后为 6.74）。

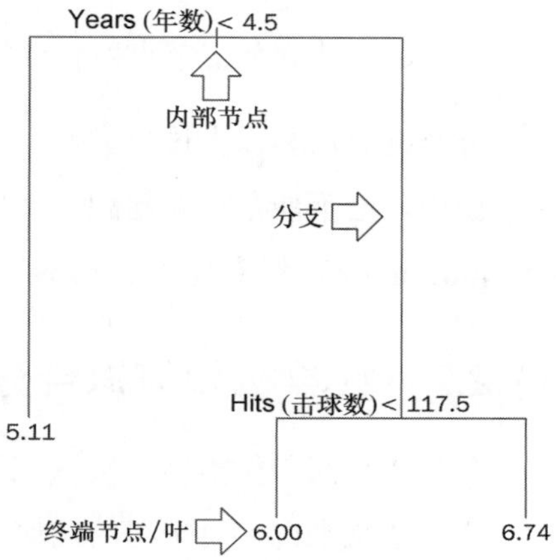

这个决策树不仅可以进行预测，还为我们提供了其他重要信息：

- 从数据上看，运动员参加大联盟比赛的年数和薪酬具有较高的正相关，参赛年数较短的运动员薪酬也相对较低。

- 如果运动员的参赛年数低于 4.5 年，那么他们的击球数并不能影响他们的薪酬。

- 相反，对于参赛年数大于 4.5 年的运动员，击球数则是影响薪酬的重要因素。

- 决策树模型只拆分了两次便得出了答案（拆分次数 2 被称为树的深度）。

11.2.1　计算机如何生成回归树

现代的决策树算法倾向于使用递归的二元分割方法。

（1）流程从树的顶端开始；

（2）对于每一个特征，算法检验每一个可能的分拆方法，选择均方差（MSE）最小的分拆方法；

（3）对于生成的两个结果集，在其中一个继续进行分拆，使得均方差（MSE）最小；

（4）重复第（3）步，直到遇到停止条件，比如：

   。 达到树的深度的最大值；

   。 达到分支节点所含数据点的最小值。

分类树算法和以上过程类似，只是优化的指标不同。均方差（MSE）只能在回归问题中使用，而不能在分类问题中使用。除了准确率指标，分类树还使用指标——**基尼指数（gini index）和熵值（entropy）**进行优化。

11.2.2 计算机如何拟合分类树

分类树和回归树类似，根据某些指标（基尼指数）进行优化，并选择效果最好的分拆方式。通常来讲，对于树的任何节点都将执行以下操作：

（1）计算数据的**纯度（purity）**；

（2）选择一个备选的分拆方式；

（3）计算分拆后数据的纯度；

（4）对所有变量重复以上操作；

（5）选择对数据纯度增长贡献最大的变量；

（6）对每个分支执行以上操作，直到遇到停止条件。

假设我们希望预测某豪华游轮乘客生还情况的似然度，已知总共有 25 名乘客，其中 10 人生还，15 人死亡，如表 11.1 所示。

表 11.1   某豪华游轮乘客生还情况

分拆前	全部
生还人数	10
死亡人数	15

我们首先计算基尼指数：

$$1-\sum\left(\frac{class_i}{total}\right)^2$$

对于所有的分类（本例中"生还"或"死亡"）：

$$1-\left(\frac{生还}{总人数}\right)^2-\left(\frac{死亡}{总人数}\right)^2=1-\left(\frac{10}{25}\right)^2-\left(\frac{15}{25}\right)^2=0.48$$

因此，数据集的纯度为 0.48。

假设我们按照性别对数据集进行分拆，首先计算性别对应的数据纯度，如图 11.7 所示。

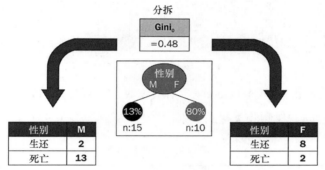

图 11.7　性别对应的数据纯度

$$Gini(M)=1-\left(\frac{2}{15}\right)^2+\left(\frac{13}{15}\right)^2=0.23$$

$$Gini(F)=1-\left(\frac{8}{10}\right)^2+\left(\frac{2}{10}\right)^2=0.32$$

得到每个性别的基尼指数之后，我们就可以计算按照性别拆分后数据集的基尼指数，如下所示：

$$Gini(M)(M|(M+F))+Gini(F)(F|(M+F))=0.23\times(15/(10+15))+0.32\times(10/(10+15))=0.27$$

因此，按照性别拆分后的基尼指数是 0.27。我们继续重复以上步骤，按其他条件进行拆分，如图 11.8 所示。

- 性别（男性或女性）；

- 船上的兄弟姐妹数量（0 或 1+）；

- 舱位等级（一等舱、二等舱和三等舱）。

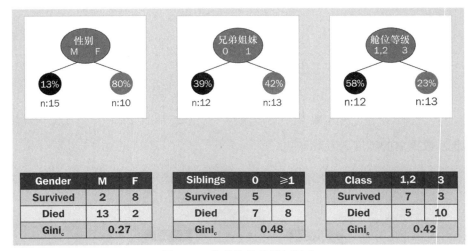

图 11.8　按其他条件进行拆分

在本例中，我们将按性别（Gender）对数据集进行拆分，因为它的基尼指数最小。表 11.2 简单概括了回归树和分类树的区别。

表 11.2 　　　　　　　　　　　　　　　**回归树和分类树的区别**

回归树	分类树
预测定量响应变量	预测定性响应变量
预测值为所有分支的平均值	预测值为所有分支中出现次数最多的标签
根据 MSE 最小化进行分拆	根据基尼指数最小化进行分拆

下面我们使用 scikit-learn 模块生成决策树模型。

```
# read in the data
titanic = pd.read_csv('titanic.csv')

# encode female as 0 and male as 1
titanic['Sex'] = titanic.Sex.map({'female':0, 'male':1})

# fill in the missing values for age with the median age
titanic.Age.fillna(titanic.Age.median(), inplace=True)

# create a DataFrame of dummy variables for Embarked
embarked_dummies = pd.get_dummies(titanic.Embarked, prefix='Embarked')
embarked_dummies.drop(embarked_dummies.columns[0], axis=1,
inplace=True)
```

```
# concatenate the original DataFrame and the dummy DataFrame
titanic = pd.concat([titanic, embarked_dummies], axis=1)

# define X and y
feature_cols = ['Pclass', 'Sex', 'Age', 'Embarked_Q', 'Embarked_S']
X = titanic[feature_cols]
y = titanic.Survived

X.head()
```

数据展示如图 11.9 所示。我们将 Pclass、Sex、Age 和哑变量 Embarked 作为模型的输入特征。

	Pclass	Sex	Age	Embarked_Q	Embarked_S
0	3	1	22.0	0.0	1.0
1	1	0	38.0	0.0	0.0
2	3	0	26.0	0.0	1.0
3	1	0	35.0	0.0	1.0
4	3	1	35.0	0.0	1.0

图 11.9　数据展示

```
# fit a classification tree with max_depth=3 on all data
from sklearn.tree import DecisionTreeClassifier
treeclf = DecisionTreeClassifier(max_depth=3, random_state=1)
treeclf.fit(X, y)
```

max_depth 是树的最大深度。这意味着对于任意数据点，模型只能提 3 个问题，然后将其放入对应分支中。我们可以用可视化的方式观察树的生成过程，如图 11.10 所示。

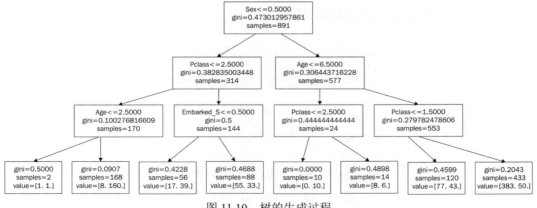

图 11.10　树的生成过程

我们注意到一些细节：

- Sex 字段是第一个被分拆的字段，这意味着性别是决定乘客是否生存的最重要因素；

- Embarked_Q 字段没有被用于任何分拆。

对于决策树模型，无论是分类树和回归树，我们都可以计算每个特征对预测值的重要程度：

```
# compute the feature importances
pd.DataFrame({'feature':feature_cols, 'importance':treeclf.feature_
importances_})
```

特征的重要性得分（importance 列）是每个特征变量的平均基尼指数差异，分值越高则与预测值的关系越紧密。我们可以利用以上信息减少模型所需特征的数量。比如，哑变量 Embarked_Q 和 Embarked_S 相对于其他变量的重要性都很低，所以我们可以认为它们不是影响乘客生还的重要因素，如图 11.11 所示。

	feature	importance
0	Pclass	0.242664
1	Sex	0.655584
2	Age	0.064494
3	Embarked_Q	0.000000
4	Embarked_S	0.037258

图 11.11　每个特征的
重要性得分

11.3　无监督学习

我们已经讲解了监督学习案例，下面介绍**无监督学习（unsupervised learning）**案例。

11.3.1　无监督学习的使用场景

有很多场景需要使用无监督学习模型，主要包括以下 3 种情况：

- 当没有明确的响应变量，也就是说，我们不需要根据数据集预测或找出相关变量时；

- 当需要根据现有数据提取不明显的特征或模式时（也可以是监督学习问题）；

- 当使用无监督学习的**特征提取（feature extraction）**方法时。特征提取是使用现有特征生成新特征的过程。这些新特征比原始特征在模型中的表现更好。

第一种情况是数据科学家选用无监督学习模型最重要的原因。当我们不需要根据数据进行预测，而仅仅想知道数据点的相似度（或差异度）的时候，就可以使用无监督学习模型。

有时，即便我们已经使用了监督学习模型，但仍会遇到第二种情况。这是因为简单的数据探索（EDA）无法应对多维数据集。当维度较少时，人们可以通过肉眼观察数据的模式，但当维度不断增加，就只有依靠机器学习识别数据点的相似程度。

第三种使用无监督学习的原因是从已知特征中提取新特征。这一过程可以产生监督学习模型需要的新特征，也可以用于演示等其他目的（比如市场营销）。

11.3.2　K 均值聚类

我们研究的第一个无监督机器学习模型叫作 **K 均值聚类（K-means clustering）**。无监督学习模型不用于预测，而是从不规则的数据中提取规律。

聚类是根据数据中心将数据点分为多个簇的一种机器学习模型。

定义如下。

簇（cluster）：一组行为相似的数据点。

中心（centroid）：簇的中心点，可以想象成簇中数据点的平均值。

以上对簇和中心的定义较为模糊，当我们详细讲解几个案例后你就会有更清晰的理解。以在线购物为例，相似的用户指买过相似物品或在相同商店购物的人，相似的软件公司指产品和价格都相似的公司。

图 11.12 所示是某数据集聚类后的结果。

对于图 11.12，人类大脑可以清晰地看出四个簇的差异。红色簇位于左下角，绿色簇位于右下角。红色簇中的数据点彼此相似，但红色簇中的数据点和其他簇中的数据点则具有较大差异。

图中正方形所在位置是每个簇的中心。请注意，中心不是一个真实的数据点，而是一个抽象的数据点，它仅仅用于表示簇的中心。

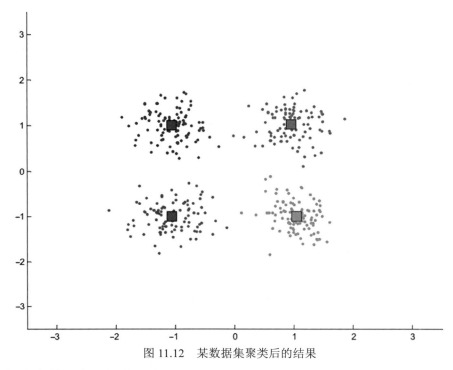

图 11.12 某数据集聚类后的结果

如何定义数据点之间的**相似性（similarity）**，对聚类分析结果有很大影响。通常来讲，较好的相似性标准产生较好的聚类结果。大部分时候，我们通过将数据转换到 n 维空间，用数据点间的距离作为相似度。簇的中心通常是簇中数据点在每个维度（列）上的平均值。比如，红色簇的中心是红颜色数据点在横轴和纵轴的平均值。

聚类分析的目的是通过将数据集拆分为多个组，增强我们对数据集的理解。聚类算法从独立的数据点中生成了一个抽象层，展示了数据点间新的自然结构。虽然有很多种聚类算法，但我们主要关注 K 均值聚类算法，它也是最常用的聚类算法之一。

K 均值聚类算法通过迭代方法将数据集分为 k 个簇。它的工作方法如下。

（1）选取 k 个初始化中心点（k 是输入的值）；

（2）将每个数据点分配到最近的中心；

（3）重新计算中心的位置；

（4）重复（2）、（3）步骤，直到遇到停止条件。

案例：图解 K 均值聚类

假设在二维空间有以下数据点，如图 11.13 所示。

每个数据点的颜色均为浅灰色，以保证在使用 K 均值聚类算法前没有预先进行分组。我们的目的是对每个数据点进行着色，并完成聚类。

第 1 步，随机选取 3 个中心（图 11.14 所示的红、蓝和黄 3 个点）。

 大部分 K 均值聚类算法都可以随机选取中心，但也存在其他预先计算初始化中心的方法。本例中，我们采用随机选取。

第 2 步，对于每个数据点，找出它们最接近的中心（如图 11.15 所示）。

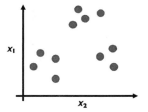 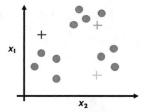 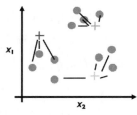

图 11.13　图解 K 均值聚类（1）　　图 11.14　图解 K 均值聚类（2）　　图 11.15　图解 K 均值聚类（3）

根据中心点的颜色，对每个数据点着色，如图 11.16 所示。第 2 步完成后，我们就得到了每个数据点的聚类结果（如图 11.17 所示）。

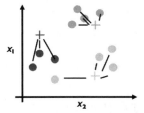 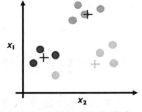

图 11.16　图解 K 均值聚类（4）　　　　图 11.17　图解 K 均值聚类（5）

第 3 步是 K 均值聚类算法最核心的步骤。请注意，图 11.17 中各簇的中心已经逐渐移动到真实的中心位置。实际上，我们也可以计算出每个簇的中心，并将该点作为新的中心。假设红颜色 3 个点的坐标分别为 (1,3)、(2,5) 和 (3,4)，中心点的计算方式如下：

```
# centroid calculation
```

```
import numpy as np
red_point1 = np.array([1, 3])
red_point2 = np.array([2, 5])
red_point3 = np.array([3, 4])

red_center = (red_point1 + red_point2 + red_point3) / 3.

red_center
# array([ 2., 4.])
```

也就是说，图 11.17 中红色簇的中心点坐标是（2,4）。

 实际案例中遇到的数据点更多。

中心不是真实的数据点。

我们重复第 2 步。图 11.18 展示了如何找出数据点最接近的中心。图 11.19 中被圆圈起来的数据点，初始颜色是黄色，但很快会变成了红色，因为黄色簇的中心逐渐向黄色数据点区域移动。

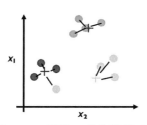 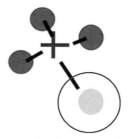 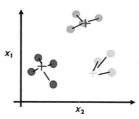

图 11.18　图解 K 均值聚类（6）　图 11.19　图解 K 均值聚类（7）　图 11.20　图解 K 均值聚类（8）

图 11.20 所示是步骤 2 的第二部分：将数据点分配到新的簇。

 你可以将数据点想象成宇宙中受万有引力作用的行星。每个中心都被行星的引力拉动。

在图 11.21 中，我们重新计算了每个簇的中心（第 3 步）。请注意，图中蓝色簇的中心位置并没有移动，只有红色簇和黄色簇的中心发生了移动。

如果重复第 2、3 步，每个簇的中心位置都没有发生变化则结束算法，并得到最终聚类的结果。

K 均值聚类算法的最终结果如图 11.22 所示。

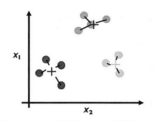 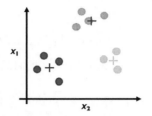

图 11.21　图解 K 均值聚类（9）　　　　图 11.22　图解 K 均值聚类（10）

案例：啤酒

好了，我已经讲了太多数据科学，该来点啤酒啦！

说到啤酒，你知道有多少种类型的啤酒吗？我们是否可以根据啤酒的定量特征，对它进行分类？让我们试一下吧。

```
# import the beer dataset
url = '../data/beer.txt'
beer = pd.read_csv(url, sep=' ')
print beer.shape
(20, 5)

beer.head()
```

图 11.23 所示的数据集有 20 行（20 种啤酒），5 列（5 个特征），分别是 name（品牌）、calories（卡路里）、sodium（钠含量）、alcohol（酒精含量）和 cost（价格）。和其他机器学习模型一样，聚类算法也喜欢定量特征。所以，我们可以忽视 name 列。

	name	calories	sodium	alcohol	cost
0	Budweiser	144	15	4.7	0.43
1	Schlitz	151	19	4.9	0.43
2	Lowenbrau	157	15	0.9	0.48
3	Kronenbourg	170	7	5.2	0.73
4	Heineken	152	11	5.0	0.77

图 11.23　有关啤酒的数据集

```
# define X
X = beer.drop('name', axis=1)
```

下面我们用 scikit-learn 生成 K 均值聚类模型。

```
# K-means with 3 clusters
```

```
from sklearn.cluster import KMeans
km = KMeans(n_clusters=3, random_state=1)
km.fit(X)
```

 参数 n_cluster 是 K 值，它是我们输入的簇数。参数 random_
state 用于生成可重复的结果，主要用于教学目的。

在本例中，我们随机生成 3 个簇。

K 均值算法将对数据点进行分析，并生成 3 个簇。

```
# save the cluster labels and sort by cluster
beer['cluster'] = km.labels_
```

通过 Pandas 的 groupyby 和 mean 方法，我们可以计算每个簇的中心。

```
# calculate the mean of each feature for each cluster
beer.groupby('cluster').mean()
```

从图 11.24 可以明显看出，编号为 0 的簇平均卡路里含量、钠含量、酒精含量和价格都最高，这可能因为它们都属于烈性啤酒。编号为 2 的簇含有最低的酒精含量和相对较低的卡路里含量，它们很可能属于淡啤酒。编号为 1 的簇则位于中间位置。

cluster	calories	sodium	alcohol	cost
0	150.00	17.0	4.521429	0.520714
1	102.75	10.0	4.075000	0.440000
2	70.00	10.5	2.600000	0.420000

图 11.24 啤酒中各指标的含量

下面我们用 Python 对数据点进行可视化。聚类后的结果如图 11.25 所示。

```
import matplotlib.pyplot as plt
%matplotlib inline


# save the DataFrame of cluster centers
centers = beer.groupby('cluster').mean()
# create a "colors" array for plotting
colors = np.array(['red', 'green', 'blue', 'yellow'])
# scatter plot of calories versus alcohol, colored by cluster (0=red,
1=green, 2=blue)
plt.scatter(beer.calories, beer.alcohol, c=colors[list(beer.cluster)],
s=50)

# cluster centers, marked by "+"
```

```
plt.scatter(centers.calories, centers.alcohol, linewidths=3,
marker='+', s=300, c='black')

# add labels
plt.xlabel('calories')
plt.ylabel('alcohol')
```

 无监督学习的重要组成部分是肉眼的观察。聚类算法不包含待
解决问题的上下文信息，它只能告诉我们聚类后的结果，无法
告诉我们每个簇的含义。

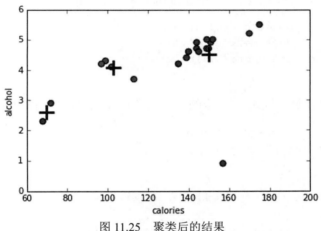

图 11.25　聚类后的结果

11.3.3　如何选择最佳的 K 值，并对簇进行评价

K 均值聚类算法一个重要的环节是找出合适的 K 值。然而，如果我们事先知道最佳的 K 值，可能就不需要无监督学习模型了。我们需要的是一种评价聚类分析 K 值有效性的方法。

然而，这里的难点是由于 K 均值聚类算法不是一种预测模型，因此我们没有办法评价模型的预测准确率，之前介绍的衡量准确率的指标和均方根误差（RMSE）都不适用于 K 均值聚类算法。

轮廓系数

轮廓系数（silhouette coefficient）是衡量聚类算法效果的通用指标。轮廓系数的计

算方法如下：

$$SC = \frac{b-a}{\max(a,b)}$$

其中：

● a 是数据点到本簇中所有数据点的平均距离；

● b 是数据点到最近簇中所有数据点的平均距离。

轮廓系数的取值范围是−1（最差）～1（最好）。对所有观测点的轮廓系数求平均值，即可得到整体的轮廓系数。通常来讲，我们推荐轮廓系数接近 1。

```
# calculate Silhouette Coefficient for K=3
from sklearn import metrics
metrics.silhouette_score(X, km.labels_)
0.6732
```

下面我们尝试计算不同 K 值对应的轮廓系数，以找出最佳的 K 值。

```
# calculate SC for K=2 through K=19
k_range = range(2, 20)
scores = []
for k in k_range:
    km = KMeans(n_clusters=k, random_state=1)
    km.fit(X_scaled) ①
    scores.append(metrics.silhouette_score(X, km.labels_))

# plot the results
plt.plot(k_range, scores)
plt.xlabel('Number of clusters')
plt.ylabel('Silhouette Coefficient')
plt.grid(True)
```

从图 11.26 可以看出，最佳的 K 值是 2！也就是说，K 均值聚类算法发现存在 2 类不同的啤酒。

K 均值聚类算法因其简洁易理解和计算效率高的优点而被广泛使用。然而，K 均值算法对数据尺度非常敏感，它不适合分布广泛、密度稀薄的数据集。使用 scikit-learn 的

---

① 译者注：X_scaled 是标准化处理后的数据集。此处应为 km.fit(X)。

数据处理预处理模块可以解决这个问题。

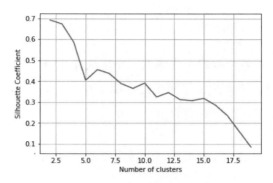

图 11.26 最佳的 K 值

```
# center and scale the data
from sklearn.preprocessing import StandardScaler
scaler = StandardScaler()
X_scaled = scaler.fit_transform(X)

# K-means with 3 clusters on scaled data
km = KMeans(n_clusters=3, random_state=1)
km.fit(X_scaled)
```

很简单！

下面，我们要讨论使用无监督学习的第三种情况——**特征提取（feature extraction）**。

11.4 特征提取和主成分分析

有时候，数据集含有很多列，却并没有足够的行对这些列进行分析。比如在朴素贝叶斯章节介绍的"send cash now"案例。最初的时候，没有任何文本完全包含短语"send cash now"，所以我们转向朴素的假设，计算每个单词出现的概率。

导致出现这种情况的主要原因是**维度灾难（the curse of dimensionality）**。维度灾难指当我们在数据集中增加新特征列时，为了填补产生的空缺位置，需要补充的行数（数据点）呈指数级增长。

假设我们希望使用机器学习模型计算一组含有 4 086 条文本的语料库的距离，我们用

Countvectorized 方法对数据集进行了向量化。假设语料库含有 18 884 个单词：

```
X.shape
(4086, 18884)
```

下面我们进行一个实验。我们首先选取某个单词作为唯一的维度，然后计算彼此间隔 1 个单位的文本数量。比如，如果两个文本都含有这个单词，则它们的距离为 1；反之，如果都不含有这个单词，则它们的距离为 0。

```
d = 1
# Let's look for points within 1 unit of one another

X_first_word = X[:,:1]
# Only looking at the first column, but ALL of the rows

from sklearn.neighbors import NearestNeighbors
# this module will calculate for us distances between each point

neigh = NearestNeighbors(n_neighbors=4086)
neigh.fit(X_first_word)
# tell the module to calculate each distance between each point
```

 请注意，模型需要查找 16 695 396（4086×4086）个距离。

```
A = neigh.kneighbors_graph(X_first_word, mode='distance').todense()
# This matrix holds all distances (over 16 million of them)

num_points_within_d = (A < d).sum()
# Count the number of pairs of points within 1 unit of distance

num_points_within_d
16258504
```

因此，相差 1 个单位距离的数据点有 1 625.85 万个。下面我们将维度增加到 2 个单词：

```
X_first_two_words = X[:,:2]
neigh = NearestNeighbors(n_neighbors=4086)
neigh.fit(X_first_two_words)
A = neigh.kneighbors_graph(X_first_two_words, mode='distance').
todense()
num_points_within_d = (A < d).sum()
```

```
num_points_within_d
16161970
```

增加 1 列后，数据点减少了 10 万个，这是因为我们在每个维度都增加了空间距离。下面我们继续实验，计算前 100 列：

```
d = 1
# Scan for points within one unit

num_columns = range(1, 100)
# Looking at the first 100 columns
points = []
# We will be collecting the number of points within 1 unit for a graph

neigh = NearestNeighbors(n_neighbors=X.shape[0])
for subset in num_columns:
    X_subset = X[:,:subset]
  # look at the first column, then first two columns, then first three
columns, etc
    neigh.fit(X_subset)
    A = neigh.kneighbors_graph(X_subset, mode='distance').todense()
    num_points_within_d = (A < d).sum()
# calculate the number of points within 1 unit
    points.append(num_points_within_d)
```

图 11.27 显示了维度数量和相距 1 个单位数据点数量的关系。

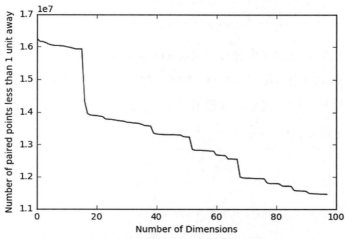

图 11.27　维度数量和相距 1 个单位数据点数量的关系

我们可以明显看出，随着增加列数，彼此相距 1 个单位的数据点数量快速下降。上图仅仅显示了 100 列的情况，我们尝试将所有的单词（超过 18 000 个）都作为新列。

```
neigh = NearestNeighbors(n_neighbors=4086)
neigh.fit(X)
A = neigh.kneighbors_graph(X, mode='distance').todense()
num_points_within_d = (A < d).sum()
num_points_within_d
4090
```

只有 4 000 多个句子相距 1 个单位。我们增加列产生的新空间，使得原本有限的数据点难以继续保持和其他数据点的距离。我们必须添加更多的数据点才能填补这些间隙。这正是为什么我们需要进行**维度缩减（dimension reduction）**。

有两种方法可以避免维度灾难：增加数据点（并不总是可行）或者维度缩减。维度缩减是减少数据集中列的数量，而不是行数。常见的维度缩减方法有两种。

● **特征选取（feature selection）**：从所有的特征列中选择最重要的特征列；

● **特征提取（feature extraction）**：从现有特征中推理出新特征。

在之前的决策树案例中，特征列 Embarked_Q 对决策树模型没有作用，因此被删掉。这属于特征选取方法。

特征提取方法则稍微有点复杂。在特征提取时，我们使用相对复杂的数据公式从现有特征列中提取**超列（super-columns）**。超列在模型中的表现通常比任何原始列都要好。

首选的特征提取方法叫**主成分分析（principle component analysis，PCA）**。主成分分析方法从原始列中提取一组超列集合，用更少的特征列取代原始所有特征列。下面我们用具体的案例进行介绍，我们继续使用 Yelp 数据。

```
url = '../data/yelp.csv'
yelp = pd.read_csv(url, encoding='unicode-escape')

# create a new DataFrame that only contains the 5-star and 1-star
reviews
yelp_best_worst = yelp[(yelp.stars==5) | (yelp.stars==1)]

# define X and y
```

```
X = yelp_best_worst.text
y = yelp_best_worst.stars == 5
```

我们的目标是基于历史评价信息，判断某人是否会给出 5 星或 1 星评价。我们将 Logistic 回归模型的预测准确率作为基准线。

```
from sklearn.linear_model import LogisticRegression
from sklearn.cross_validation import train_test_split
from sklearn.feature_extraction.text import CountVectorizer
lr = LogisticRegression()

X_train, X_test, y_train, y_test = train_test_split(X, y, random_
state=100)
# Make our training and testing sets

vect = CountVectorizer(stop_words='english')
# Count the number of words but remove stop words like a, an, the,
you, etc

X_train_dtm = vect.fit_transform(X_train)
X_test_dtm = vect.transform(X_test)
# transform our text into document term matrices

lr.fit(X_train_dtm, y_train)
# fit to our training set

lr.score(X_test_dtm, y_test)
# score on our testing set
0.91193737
```

通过使用语料库中所有单词，Logistic 回归模型的准确率是 91%。还不错！

下面我们使用前 100 个单词进行预测。

```
vect = CountVectorizer(stop_words='english', max_features=100)
# Only use the 100 most used words

X_train_dtm = vect.fit_transform(X_train)
X_test_dtm = vect.transform(X_test)
print X_test_dtm.shape # (1022, 100)

lr.fit(X_train_dtm, y_train)
```

```
lr.score(X_test_dtm, y_test)
0.8816
```

请注意，向量机只使用了前 100 个单词，因此模型的训练集和测试集都只有 100 列。很明显，模型的预测准确率受到了影响，下降至 88%。考虑到我们屏蔽了语料库中超过 4 700 个单词，模型准确率下降在情理之中。

下面我们换一种方式，先用主成分分析方法生成 100 个超列，再用超列进行预测。

```
from sklearn import decomposition
# We will be creating 100 super columns
vect = CountVectorizer(stop_words='english')
# Don't ignore any words
pca  = decomposition.PCA(n_components=100)
# instantate a pca object

X_train_dtm = vect.fit_transform(X_train).todense()
# A dense matrix is required to pass into PCA, does not affect the
overall message
X_train_dtm = pca.fit_transform(X_train_dtm)

X_test_dtm = vect.transform(X_test).todense()
X_test_dtm = pca.transform(X_test_dtm)
print X_test_dtm.shape # (1022, 100)

lr.fit(X_train_dtm, y_train)

lr.score(X_test_dtm, y_test)
.89628
```

虽然训练集和测试集仍然只有 100 列，但这 100 列已经不是语料库中的原始列，而是由复杂的转化算法生成的超列。同时我们注意到，模型的预测准确率比使用原始前 100 列要高！

简单总结，特征提取通过数学公式从原始列中提取新的特征列，新特征列在模型中的表现往往比原始列好。

但是，我们如何可视化查看这些新列呢？我想不出比图像分析更合适的办法。下面我们生成一个人脸识别（**facial recognition**）软件。首先从 scikit-learn 模块导入人脸图片数据：

```
from sklearn.datasets import fetch_lfw_people
import matplotlib.pyplot as plt
```

```
%matplotlib inline

lfw_people = fetch_lfw_people(min_faces_per_person=70, resize=0.4)

# introspect the images arrays to find the shapes (for plotting)
n_samples, h, w = lfw_people.images.shape

# for machine learning we use the 2 data directly (as relative pixel
# positions info is ignored by this model)
X = lfw_people.data
y = lfw_people.target
n_features = X.shape[1]

X.shape
(1288, 1850)
```

我们收集了 1 288 张人脸图片，每个图片含有 1 850 个特征列（像素）。识别代码
如下：

```
plt.imshow(X[0].reshape((h, w)), cmap=plt.cm.gray)
lfw_people.target_names[y[0]]
'Hugo Chavez'
```

输出结果，如图 11.28 所示。

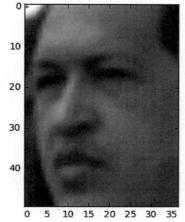

图 11.28　人脸识别软件的输出结果（1）

```
plt.imshow(X[100].reshape((h, w)), cmap=plt.cm.gray)
lfw_people.target_names[y[100]]
```

'George W Bush'

输出结果，如图 11.29 所示。

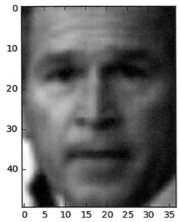

图 11.29 人脸识别软件的输出结果（2）

非常棒！下面我们用一些简单的指标了解数据集的特点。

```
# the label to predict is the id of the person
target_names = lfw_people.target_names
n_classes = target_names.shape[0]

print("Total dataset size:")
print("n_samples: %d" % n_samples)
print("n_features: %d" % n_features)
print("n_classes: %d" % n_classes)

Total dataset size:
n_samples: 1288
n_features: 1850
n_classes: 7
```

数据集含有 7 个种族人群的 1 288 张图片，每张图片有 1 850 个特征列。我们的目的是设计一个根据 1 850 个像素点识别人员姓名的分类器。

我们将 Logistic 回归模型的预测准确率作为基准线。

```
from sklearn.linear_model import LogisticRegression
from sklearn.metrics import accuracy_score
```

```
from time import time # for timing our work
from sklearn.model_selection import train_test_split

X_train, X_test, y_train, y_test = train_test_split(
    X, y, test_size=0.25, random_state=1)
# get our training and test set

t0 = time() # get the time now
logreg = LogisticRegression()

logreg.fit(X_train, y_train)

# Predicting people's names on the test set
y_pred = logreg.predict(X_test)


print accuracy_score(y_pred, y_test), "Accuracy"
print (time() - t0), "seconds"

0.810559006211 Accuracy
6.31762504578 seconds
```

Logistic 回归模型耗时 6.3 秒，预测准确率 81%，这个成绩尚可！

下面我们用主成分方法生成的超列进行预测。

```
# split into a training and testing set
from sklearn import decomposition

# Compute a PCA (eigenfaces) on the face dataset (treated as unlabeled
# dataset): unsupervised feature extraction / dimensionality reduction
n_components = 75

# Extracting the top %d eigenfaces from %d faces
      % (n_components, X_train.shape[0]))
pca = decomposition.PCA(n_components=n_components, whiten=True).fit(X_
train)
# This whiten parameter speeds up the computation of our extracted
columns
# Projecting the input data on the eigenfaces orthonormal basis
X_train_pca = pca.transform(X_train)
X_test_pca = pca.transform(X_test)
```

以上代码从原始的 1 850 列中提取了 75 列超列。下面将这些超列输入 Logistic 回归模型：

```
t0 = time()

# Predicting people's names on the test set WITH PCA
logreg.fit(X_train_pca, y_train)
y_pred = logreg.predict(X_test_pca)

print accuracy_score(y_pred, y_test), "Accuracy"
print (time() - t0), "seconds"

0.82298136646 Accuracy
0.194181919098 seconds
```

哇！模型的运算性能不仅提升了超过 30 倍，预测准确率也比原模型好！可见，当我们面对含有较多列的复杂数据集时，使用主成分分析和特征提取方法可以提高机器学习模型的性能和效果。

下面我们再看一个有意思的实验。我之前曾说，使用人脸识别案例的目的是可视化超列，我不会食言——它们的名字叫**特征脸（eigenfaces）**。下面这些代码将输出超列，它们是模型认为的人脸的样子，如图 11.30 所示。

```
def plot_gallery(images, titles, n_row=3, n_col=4):
    """Helper function to plot a gallery of portraits"""
    plt.figure(figsize=(1.8 * n_col, 2.4 * n_row))
    plt.subplots_adjust(bottom=0, left=.01, right=.99, top=.90,
hspace=.35)
    for i in range(n_row * n_col):
        plt.subplot(n_row, n_col, i + 1)
        plt.imshow(images[i], cmap=plt.cm.gray)
        plt.title(titles[i], size=12)

# plot the gallery of the most significative eigenfaces
eigenfaces = pca.components_.reshape((n_components, h, w))
eigenface_titles = ["eigenface %d" % i for i in range(eigenfaces.
shape[0])]
plot_gallery(eigenfaces, eigenface_titles)

plt.show()
```

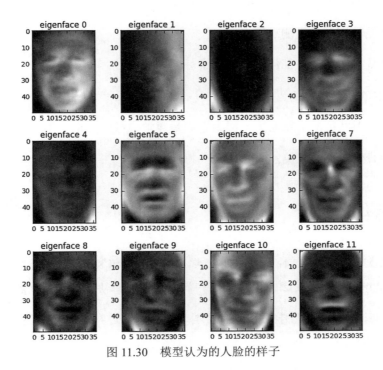

图 11.30 模型认为的人脸的样子

哇！这一组让人困惑但漂亮的图片展示了模型认为的人脸最核心的特征。从左上角到右下角，我们可以很容易看出模型的想法。第 1 列超列（eigenface 0）是包含眼睛、鼻子和嘴的人脸全景。它仿佛在说："我代表了所有人脸照片都有的特征。"第 2 列超列（eigenface 1）显示的是图片的阴影。第 3 列（eigenface 2）超列显示肤色对预测人名具有较大影响。这也是为什么第 3 张图片比前 2 张更暗。

使用无监督学习模型中的特征提取方法，如 PCA，可以让我们更加深入地理解数据，了解算法认为的数据集最核心的特征，而不仅仅是人眼观察的结果。特征提取是强大的数据处理工具，它可以提升模型性能，让模型变得更加强大，从数据中获得之前未曾注意的洞察。

下面简单总结特征提取的优点和缺点。

特征提取的优点：

● 可以提升模型速度；

- 可以提升模型的预测准确率；

- 可以从提取后的特征值获得新洞察。

特征提取的缺点：

- 失去了对特征的解释能力，因为它们是数学推导的结果，不是原始的特征列；

- 可能丧失一部分预测能力，因为在特征提取时丢失了部分信息。

11.5　总结

本章中，通过决策树、朴素贝叶斯分类、特征提取和 K 均值聚类算法，我们知道机器学习不仅能解决线性回归和 Logistic 回归问题，还能解决更复杂的问题。

我们还详细讲解了监督学习和无监督学习案例。通过学习这些案例，你将熟悉数据科学领域的相关问题。

在下一章，我们将介绍更加复杂的机器学习算法，包括人工神经网络（artificial neural networks）和集成技术等。我们还将介绍更复杂的数据科学概念，比如偏差-方差权衡（bias-variance tradeoff）和过拟合（overfitting）。

第 12 章
超越精要

本章中，我们将讨论数据科学中更复杂的部分，它很可能会让一部分人选择放弃，这是因为数据科学不全是有趣的东西和机器学习，我们有时需要使用各种理论和数学范式，对分析过程进行评价。

我们将一步一步对分析过程进行剖析，以便你能彻底理解这些内容。本章主要内容有：

- 交叉验证（cross-validation）。

- 偏差-方差权衡（bias -variance tradeoff）。

- 过拟合（overfitting）和欠拟合（underfitting）。

- 集成技术（ensembling techniques）。

- 随机森林（random forests）。

- 神经网络（neural networks）。

这仅仅是机器学习的一部分内容。我不想让你在学习时感到困惑，所以会尽最大限度对每一个过程和算法进行解释，并辅以案例。

12.1 偏差-方差权衡

我们曾在之前的章节讨论了偏差和方差，它们主要针对监督学习算法，用于量化模型的错误。

12.1.1　偏差导致的误差

偏差导致的误差指模型得到的预测值和实际值之间的差异。实际上，偏差用于衡量模型预测值和实际值之间的距离。

假设当 x=29 时，模型 $F(x)$ 的预测结果为：

$$F(29) = 88$$

我们已经知道当 x=29 时的真实值为 79，那么模型的偏差为：

$$Bias(29) = 88 - 79 = 9$$

如果机器学习模型能够进行准确预测（回归或分类），我们称它是**低偏差模型（low bias model）**。相反，如果模型经常出错，我们称它是**高偏差模型（high bias model）**。

12.1.2　方差导致的误差

方差导致的误差指对于给定数据点，模型预测结果的**变异性（variability）**。假设我们一次又一次重复机器学习模型，方差用于衡量对于同一数据点，模型每次预测结果的差异情况。

为了更形象地理解方差，假设存在一个包含很多数据点的总体。每次生成模型时，我们都对总体进行随机抽样，模型为了适应新样本，有可能发生重大变化，导致每次的拟合值不同。对于随机抽样的新样本，如果模型预测结果没有较大变化，我们称它是**低方差模型（low variance model）**。反之，如果模型预测结果也发生了较大变化，我们称它是**高方差模型（high variance model）**。

从普遍性的角度看，方差是评价模型的一个重要方法。如果模型具有较低的方差，我们可以认为模型具有较高的稳定性。因此在真实生产环境中，模型不需要人的监督。

我们的目的是优化偏差和方差。在理想情况下，我们希望模型既有最低的偏差，也有最低的方差。下面我们一起分析案例，帮你更好地理解以上概念。

案例：对比哺乳动物的体重和大脑重量

假设我们在研究哺乳类动物体重和大脑重量之间的关系。我们的假设之一是两者存在正相关性（体重增加，大脑重量也增加）。但是，这种正相关性有多强？它是线性的吗？随着大脑重量的增加，体重是呈对数增长，还是二次项增长？

下面我们用 Python 进行此项研究，如下所示：

```
## Exploring the Bias-Variance Tradeoff

import pandas as pd
import numpy as np
import seaborn as sns
%matplotlib inline
```

我们将使用 seaborn 模块将数据点用散点图形式展示出来，同时画出线性回归线。

```
# ## Brain and body weight

'''
This is a [dataset]) of the average
weight of the body and the brain for
62 mammal species. Let's read it into pandas and
take a quick look:
'''
df = pd.read_table('http://people.sc.fsu.edu/~jburkardt/
datasets/regression/x01.txt', sep='\s+', skiprows=33,
names=['id','brain','body'], index_col='id')
df.head()
```

数据集如图 12.1 所示。

id	brain	body
1	3.385	44.5
2	0.480	15.5
3	1.350	8.1
4	465.000	423.0
5	36.330	119.5

图 12.1　体重和大脑重量的数据集

我们从样本中选取一个小数据集，可视化偏差和方差，如下所示：

```
# We're going to focus on a smaller subset in which the body weight is
less than 200:
df = df[df.body < 200]
df.shape
(51, 2)
```

我们"假装"目前已知大脑重量和体重的哺乳动物只有 51 种。

```
# Let's create a scatterplot
sns.lmplot(x='body', y='brain', data=df, ci=None, fit_reg=False)
sns.plt.xlim(-10, 200)
sns.plt.ylim(-10, 250)
```

图 12.2 显示了哺乳动物大脑重量和体重之间的关系。截至目前，我们仍然可以假设两者有正相关关系。

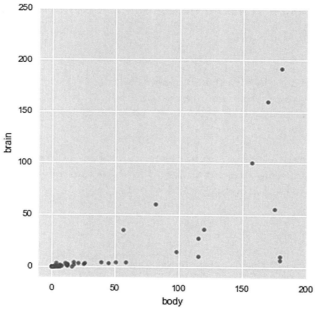

图 12.2　哺乳动物大脑重量和体重之间的关系

下面在图 12.2 中增加线性回归线。我们用 seaborn 绘制一阶多项式（线性）回归线，如图 12.3 所示。

```
sns.lmplot(x='body', y='brain', data=df, ci=None)
sns.plt.xlim(-10, 200)
sns.plt.ylim(-10, 250)
```

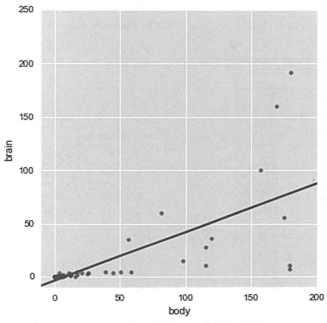

图 12.3　增加了线性回归线的散点图

假设我们新发现一个新物种。我们测量了该物种所有成员的体重，计算出平均值是100。我们想预测该物种大脑的平均重量。通过图 12.3 中的回归线，我们推算出该物种大脑的平均重量是 45。

有些时候，我们会发现回归线并不是特别接近图中的数据点。这说明模型很可能不是最佳模型！线性回归模型倾向于有较高的偏差，但是线性回归同样有其优点——较低的方差。该如何理解这一点呢？我们将哺乳动物总体随机分为两个样本：

```
# set a random seed for reproducibility
np.random.seed(12345)


# randomly assign every row to either sample 1 or sample 2
df['sample'] = np.random.randint(1, 3, len(df))
df.head()
```

在数据集中增加一列"样本编号"，如图 12.4 所示。两个样本的数据对比，如图 12.5 所示。

```
# Compare the two samples, they are fairly different!
df.groupby('sample')[['brain', 'body']].mean()
```

id	brain	body	sample
1	3.385	44.5	1
2	0.480	15.5	2
3	1.350	8.1	2
5	36.330	119.5	2
6	27.660	115.0	1

图 12.4　增加"样本编号"列

sample	brain	body
1	18.113778	52.068889
2	13.323364	34.669091

图 12.5　两个样本的对比

下面我们可以用 seaborn 绘制两幅图，如图 12.6 所示，左边使用样本 1 的数据，右边使用样本 2 的数据，代码如下：

```
# col='sample' subsets the data by sample and creates two separate plots
sns.lmplot(x='body', y='brain', data=df, ci=None, col='sample')
sns.plt.xlim(-10, 200)
sns.plt.ylim(-10, 250)
```

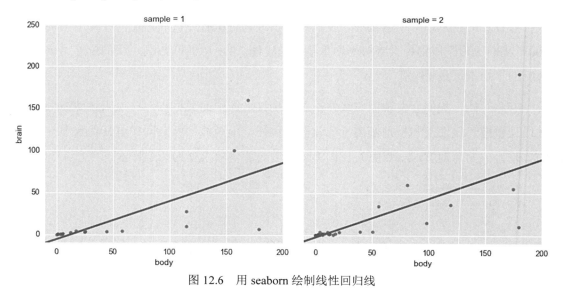

图 12.6　用 seaborn 绘制线性回归线

图 12.6 中的左右两幅图看起来非常接近。但是，如果我们仔细观察会发现，两张图没有任何一个数据点是相同的——虽然回归线看起来几乎相同！为了更清楚地证明这一

点，我们将两张图合成一张，并用颜色对样本进行区分，如图 12.7 所示。

```
# hue='sample' subsets the data by sample and creates a
# single plot
sns.lmplot(x='body', y='brain', data=df, ci=None, hue='sample')
sns.plt.xlim(-10, 200)
sns.plt.ylim(-10, 250)
```

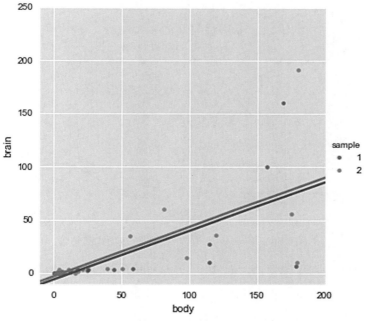

图 12.7　将图 12.6 中两图合在一起

虽然两条回归线来自不同的样本，但它们看起来非常相似。两个模型预测的新物种大脑平均重量都是 45。

也就是说，虽然我们用于线性回归的样本数据来自同一总体，且两者完全不同，但是生成的回归线却非常接近，这说明回归模型具有较低的方差。

如果我们增加模型的复杂度，让模型“学习”更多，会出现什么结果呢？下面我们用 seaborn 拟合一个四阶多项式（四次多项式）回归线。通过增加多项式的阶，回归线能够更好地适应数据，生成的拟合线也将变得更加曲折，如图 12.8 所示。

```
# What would a low bias, high variance model look like? Let's try
polynomial regression, with an fourth order polynomial:
sns.lmplot(x='body', y='brain', data=df, ci=None, \
col='sample', order=4)
sns.plt.xlim(-10, 200)
sns.plt.ylim(-10, 250)
```

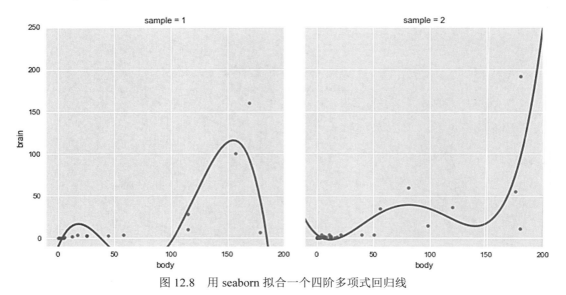

图 12.8　用 seaborn 拟合一个四阶多项式回归线

如图 12.8 所示，对于来自同一总体但完全不同的两个样本，它们的四阶多项式看起来完全不同，这是模型高方差的标志。

虽然新模型能够更好地适应数据，具有更低的偏差，但是模型高度依赖于抽样选取的数据点，具有更高的方差（新物种平均体重是 100，两个模型预测的平均大脑重量分别是 0 和 40）。

同时，新模型没有体现出数据中显而易见的关系，即哺乳动物平均体重和大脑平均重量具有正相关性。在第 1 个样本中（如图 12.8 左图所示），多项式尾部的走势是下降，但在第 2 个样本中（如图 12.8 右图所示），多项式尾部的走势是向上，两者相矛盾。这充分说明新模型受训练数据集的影响太大，不够稳定。

数据科学家的工作之一便是寻找偏差比线性模型低，同时方差比四阶多项式模型低的新模型，如图 12.9 所示。

```
# Let's try a second order polynomial instead:
sns.lmplot(x='body', y='brain', data=df, ci=None, col='sample',
order=2)
sns.plt.xlim(-10, 200)
sns.plt.ylim(-10, 250)
```

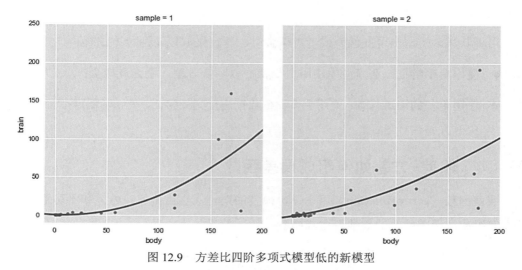

图 12.9　方差比四阶多项式模型低的新模型

图 12.9 所示的回归线看起来在偏差和方差之间达到了平衡。

12.1.3　两种极端的偏差-方差权衡情况

有两种极端的偏差-方差权衡情况，一种叫**欠拟合（underfitting）**，另一种叫**过拟合（overfitting）**。

欠拟合

当模型没有尽量适应所有数据点时，会出现欠拟合的现象。欠拟合模型通常体现出"高偏差，低方差"的特点。在哺乳动物大脑重量和体重关系案例中，虽然线性回归模型体现出了平均大脑重量和平均体重之间的相关性，但它的偏差较高，属于欠拟合情况。

当机器学习模型出现高偏差或者欠拟合现象时，建议采取以下两种方法解决。

● **使用更多特征**：在模型中引入能够提升模型预测能力的新特征；

● **使用更复杂的模型**：增加模型的复杂度可能会降低偏差，但过于复杂将得不偿失。

过拟合

当模型试图适应训练集中所有数据点时，会出现过拟合的现象。过拟合模型通常体现出"低偏差，高方差"的特点。在哺乳动物大脑重量和体重关系案例中，四阶多项式回归模型属于过拟合情况。

当机器学习模型出现低偏差或者过拟合时，建议采取以下两种方法解决。

● **使用更少特征**：在模型中使用更少特征以降低方差，避免过拟合；

● **使用更多的训练样本**：使用更多训练数据进行交叉验证，可以降低过拟合的影响，提升方差估计量。

12.1.4　偏差–方差如何组成误差函数

误差函数（error function）用于评价模型的误差，它由偏差、方差和不可避免错误的误差组成。误差函数的数学表达式如下：

$$Error(x)=Bias^2 + Variance+Irreducible\ Error$$

其中，$Bias^2$ 是偏差的平方，$Variance$ 是衡量模型随样本数据变化的方差。

简而言之，模型的总误差受偏差和方差的双重影响。当增加模型复杂度时，偏差（$Bias^2$）下降，方差（$Variance$）增加。模型的总误差呈图 12.10 所示的抛物线形状。

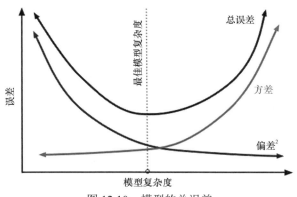

图 12.10　模型的总误差

数据科学家的目标是找出模型复杂度的最佳位置。在实践中，模型很容易对数据过拟合，为解决这一问题，我们需要使用**交叉验证（cross-validation）**方法，得到误差的最佳值。

为了更形象地介绍这一内容，我们将学习一个新的监督学习模型，并可视化模型的偏差-方差平衡过程。

K 邻近（K-Nearest Neighbors，KNN）算法通过从历史数据点中寻找相似点进行预测，它属于监督机器学习模型。

KNN 模型中的 K 表示相似点的数量。如果 K=3，那么在做任何预测时，模型将寻找最相似的 3 个数据点，并根据这 3 个数据点进行预测。另外，K 也表示了模型的复杂度。

```
from sklearn.neighbors import KNeighborsClassifier
# read in the iris data
from sklearn.datasets import load_iris
iris = load_iris()
X, y = iris.data, iris.target
```

通过以上代码，我们得到了训练数据 X 和预测数据 y。让模型过拟合的最好方法是使用相同的数据进行训练和测试，如下所示：

```
knn = KNeighborsClassifier(n_neighbors=1)
knn.fit(X, y)
knn.score(X, y)
1.0
```

哇！模型预测的准确率高达 100%，难以置信！

事实上，当我们使用相同的数据进行训练和测试时，模型其实是记住了所有的数据点（训练误差）。这正是要将数据集分为训练集和测试集的原因。

12.2　K 层交叉验证

K 层交叉验证（K folds cross-validation）是评价模型质量的更好方式，它比人为将数据集分拆为训练集和测试集的方法更好！K 层交叉验证的工作原理如下：

（1）首先将数据等分为有限份（通常是 3、5 或 10），假设分为 K 份；

（2）对于 K 层的交叉验证，我们将其中的 $K-1$ 份作为训练集，剩下的部分作为测试集；

（3）对于后续的 $K-1$ 层交叉验证，我们将另一组 $K-1$ 份作为训练集，剩余的部分作为测试集；

（4）用一组指标记录各层交叉验证结果；

（5）计算指标的平均得分。

交叉验证是将同一数据集拆分为多个"训练集和测试集"的有效方式。这样做的原因有很多，但最重要的原因是交叉验证是评价样本偏差最靠谱的方法。

我们继续用哺乳动物平均大脑重量和平均体重案例进行说明。以下代码用于生成 5 层交叉验证，即用同样数据生成 5 个不同的训练数据集和测试数据集。

```python
from sklearn.cross_validation import KFold

df = pd.read_table('http://people.sc.fsu.edu/~jburkardt/
datasets/regression/x01.txt', sep='\s+', skiprows=33,
names=['id','brain','body'])
df = df[df.brain < 300][df.body < 500]
# limit points for visibility

nfolds = 5
fig, axes = plt.subplots(1, nfolds, figsize=(14,4))
for i, fold in enumerate(KFold(len(df), n_folds=nfolds,
                               shuffle=True)):
    training, validation = fold
    x, y = df.iloc[training]['body'], df.iloc[training]['brain']
    axes[i].plot(x, y, 'ro')
    x, y = df.iloc[validation]['body'], df.iloc[validation]['brain']
    axes[i].plot(x, y, 'bo')
plt.tight_layout()
```

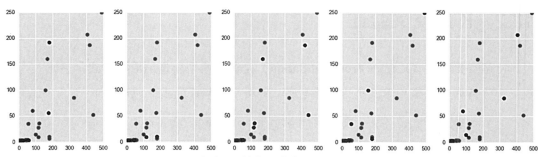

红色=训练集，蓝色=测试集

图 12.11　5 层交叉验证

图 12.11 中所有图形均来自同一总体。颜色标记了数据点属于训练集还是测试集。通过以上代码，我们获得了同一机器学习模型的 5 个不同版本，可以对比模型在不同随机样本上的表现是否稳定。

如果我们仔细观察图 12.11 中的点不难发现，每个点在训练集中都出现了 4 次（K–1），在检验集中出现了 1 次。

K 层交叉验证具有以下特征：

- 它可以比单一的训练集-测试集方法更准确地衡量模型的预测误差，因为它衡量的是多个训练集-测试集的平均误差。

- 它比单一训练集-测试集分叉方式更科学，因为整个数据集被分为不止一个训练集-测试集。

- 数据集中的每条记录都参与了模型的训练和测试。

- 它在效率和计算成本之间实现了平衡。一个 10 层交叉验证的计算成本是单一训练集-测试集的 10 倍。

- 它可以用于参数调优和模型选择。

基本上，不管何时，我们想用数据集对模型进行测试——无论是参数调优还是特征工程，K 层交叉验证都是评价模型表现的最好方法。

sklearn 拥有一个便利的交叉验证模块 cross_val_score，它可以自动对数据集进行分拆，在每一层运行模型，并输出验证结果。

```
# Using a training set and test set is so important
# Just as important is cross validation. Remember cross validation
# is using several different train test splits and
# averaging your results!

## CROSS-VALIDATION

# check CV score for K=1
from sklearn.cross_validation import cross_val_score, train_test_split
tree = KNeighborsClassifier(n_neighbors=1)
scores = cross_val_score(tree, X, y, cv=5, scoring='accuracy')
```

```
scores.mean()
0.95999999999
```

相对于上一个模型 100%的预测准确率，新模型的预测准确率看起来更加合理。因为我们使用不同的数据进行训练和测试，训练数据集不包含测试数据集的所有数据，所以模型无法完全匹配这些值。

下面我们尝试进行 5 层交叉验证（增加模型的复杂度），如下所示：

```
# check CV score for K=5
knn = KNeighborsClassifier(n_neighbors=5)
scores = cross_val_score(knn, X, y, cv=5, scoring='accuracy')
scores
np.mean(scores)
0.97333333
```

准确率更高啦！现在我们需要找出最佳的 K 值。最佳的 K 值拥有最高的准确率。代码如下所示：

```
# search for an optimal value of K
k_range = range(1, 30, 2) # [1, 3, 5, 7, …, 27, 29]
errors = []
for k in k_range:
    knn = KNeighborsClassifier(n_neighbors=k)
    # instantiate a KNN with k neighbors
    scores = cross_val_score(knn, X, y, cv=5, scoring='accuracy')
 # get our five accuracy scores
    accuracy = np.mean(scores)
    # average them together
    error = 1 - accuracy
    # get our error, which is 1 minus the accuracy
    errors.append(error)
    # keep track of a list of errors
```

以上代码用于计算 K=1、3、5、7、9、…、29 时对应的误差率（1–准确率），下面将其可视化展示，如图 12.12 所示。

```
# plot the K values (x-axis) versus the 5-fold CV score (y-axis)
plt.figure()
plt.plot(k_range, errors)
plt.xlabel('K')
plt.ylabel('Error')
```

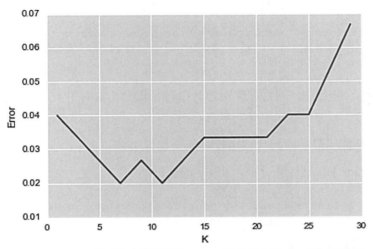

图 12.12　KNN 模型的预测误差和 KNN 模型复杂度（K 值）的关系

请将图 12.12 和图 12.10 做对比。图 12.12 的左边有较高的偏差，随着模型复杂度的增加（K 增大），偏差逐渐下降。随后，由于模型过于复杂，方差开始增加，导致总体误差开始上升。

从图 12.12 中可以看出，最佳的 K 值在 6～10 之间。

12.3　网格搜索算法

sklearn 还有另一个有用的工具**网格搜索（grid searching）**。网格搜索通过暴力测试不同的模型参数，找出符合给定条件的最佳选择。比如，我们可以用以下代码优化 KNN 模型：

```
from sklearn.grid_search import GridSearchCV
# import our grid search module

knn = KNeighborsClassifier()
# instantiate a blank slate KNN, no neighbors

k_range = range(1, 30, 2)
param_grid = dict(n_neighbors=k_range)
```

```
# param_grid = {"n_ neighbors": [1, 3, 5, …]}

grid = GridSearchCV(knn, param_grid, cv=5, scoring='accuracy')

grid.fit(X, y)
```

在 grid.fit()这一行中，网格搜索对每一种特征组合（本例中 15 个不同的 K 值）各进行 5 次交叉验证，这意味着我们有 75（15×5）个不同的 KNN 模型。对复杂模型运用这种方法时，我们能明显感受到代码运行时间变长。

```
# check the results of the grid search
grid.grid_scores_
grid_mean_scores = [result[1] for result in grid.grid_scores_]
# this is a list of the average accuracies for each parameter
# combination
plt.figure()
plt.ylim([0.9, 1])
plt.xlabel('Tuning Parameter: N nearest neighbors')
plt.ylabel('Classification Accuracy')
plt.plot(k_range, grid_mean_scores)
plt.plot(grid.best_params_ ['n_neighbors'], grid.best_score_, 'ro',
markersize=12, markeredgewidth=1.5,
        markerfacecolor='None', markeredgecolor='r')
```

图 12.13 和我们通过 for 循环得到的图 12.12 一致，但是实现方式更加简单。

从图 12.13 可以明显看出，当 N 等于 6 时模型的预测准确率最高。但是，我们还可以用更加简单的方式得到最佳的参数值，代码如下所示：

```
grid.best_params_
# {'n_neighbors': 7}

grid.best_score_
# 0.9799999999

grid.best_estimator_
# actually returns the unfit model with the best parameters
# KNeighborsClassifier(algorithm='auto', leaf_size=30,
metric='minkowski',
        metric_params=None, n_jobs=1, n_neighbors=7, p=2,
        weights='uniform')
```

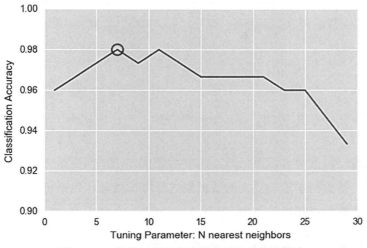

图 12.13 调参：不同参数值对应的分类准确度

你可能已经注意到 KNN 还有其他参数，比如 algorithm、p 和 weights。通过查询 scikit-learn 文档可了解以上参数的作用：

- p 是整数，表示使用的距离类型。默认使用标准距离公式，即 p=2。

- weights 默认等于 uniform，但也可以修改为 distance。它表示将距离作为点的权重，即距离较近的点对预测值有较高的权重。

- algorithm 的可选值有 auto、ball_tree、kd_tree 和 brute。它表示模型寻找临近点的方式，默认自动选择最佳方式，即 algorithm='auto'。

```
knn = KNeighborsClassifier()
k_range = range(1, 30)
algorithm_options = ['kd_tree', 'ball_tree', 'auto', 'brute']
p_range = range(1, 8)
weight_range = ['uniform', 'distance']
param_grid = dict(n_neighbors=k_range, weights=weight_range,
algorithm=algorithm_options, p=p_range)
# trying many more options
grid = GridSearchCV(knn, param_grid, cv=5, scoring='accuracy')
grid.fit(X, y)
```

在我的笔记本上运行以上代码需要 1min，因为它计算了 1 624 种不同的参数组合，

同时对每个组合进行 5 层交叉验证。总的来说，为了找出最佳答案，它需要测试 8 120
中不同的 KNN 模型。

```
grid.best_score_
0.98666666

grid.best_params_
{'algorithm': 'kd_tree', 'n_neighbors': 6, 'p': 3, 'weights':
'uniform'}
```

网格搜索是一种简单（但是低效）的参数调优方法。需要指出，在实践中，为了得
出最好的结果，数据科学家需要先对数据集进行特征处理（包括特征约简和特征工程），
而不能仅仅依靠模型寻找最佳答案。

可视化训练误差和交叉验证误差

这里有必要再一次对比训练误差（**training error**）和交叉验证误差（**cross-validation
error**）。这一次，我们将它们放在同一张图中，观察它们如何随模型复杂度的变化而变化。

我们继续使用哺乳动物平均体重和平均大脑重量数据集，尝试通过平均体重预测大
脑的平均重量。代码如下：

```
# This function uses a numpy polynomial fit function to
# calculate the RMSE of given X and y
def rmse(x, y, coefs):
    yfit = np.polyval(coefs, x)
    rmse = np.sqrt(np.mean((y - yfit) ** 2))
    return rmse

xtrain, xtest, ytrain, ytest = train_test_split(df['body'],
df['brain'])

train_err = []
validation_err = []
degrees = range(1, 8)

for i, d in enumerate(degrees):
    p = np.polyfit(xtrain, ytrain, d)
  # built in numpy polynomial fit function
```

```
    train_err.append(rmse(xtrain, ytrain, p))
    validation_err.append(rmse(xtest, ytest, p))

fig, ax = plt.subplots()
# begin to make our graph

ax.plot(degrees, validation_err, lw=2, label = 'cross-validation
error')
ax.plot(degrees, train_err, lw=2, label = 'training error')
# Our two curves, one for training error, the other for cross
validation

ax.legend(loc=0)
ax.set_xlabel('degree of polynomial')
ax.set_ylabel('RMSE')
```

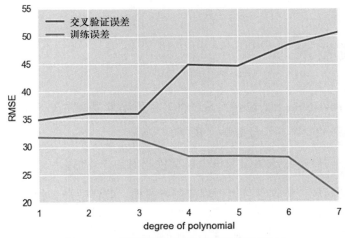

图 12.14　训练误差和交叉验证误差的对比

从图 12.14 可以看出，随着拟合层次的深入，训练误差线越来越低。但随着模型变得复杂，模型出现了过拟合。交叉验证误差线在模型层次为 2 和 3 之后变得越来越差。

简单总结如下。

● 当交叉验证误差和训练误差都较高时，模型出现欠拟合；

● 当交叉验证误差较高，但训练误差较低时，模型出现过拟合；

● 当交叉验证误差较低，且只比训练误差略高一点时，模型拟合效果最好。

过拟合（高方差）和欠拟合（高偏差）都无法正确表达数据的特征。以下是面对高方差和高偏差时的一些处理技巧。

如果模型出现高偏差：

- 尝试在训练集和测试集中增加新特征；

- 尝试增加模型的复杂度，或者选用更高层次的模型。

如果模型出现高方差：

- 尝试增加训练样本，以降低过拟合的影响。

总之，通过偏差-方差权衡，尽量最小化模型的偏差和方差。很多新型的学习算法，特别是过去十几年发明的算法，都试图在两个指标上实现最优。

12.4　集成技术

集成学习（ensemble learning） 通过将多种预测模型合并在一起生成超级模型，使得超级模型的预测准确率高于任意单一模型。

- 对于回归问题，集成学习取每个模型预测值的平均值；

- 对于分类问题，集成学习对预测值进行投票，取票数最多的值，或者取预测概率的平均值。

假设有一个二元分类问题（预测结果 0 或 1），代码如下：

```
# ENSEMBLING

import numpy as np

# set a seed for reproducibility
np.random.seed(12345)

# generate 1000 random numbers (between 0 and 1) for each model,
representing 1000 observations
mod1 = np.random.rand(1000)
```

```
mod2 = np.random.rand(1000)
mod3 = np.random.rand(1000)
mod4 = np.random.rand(1000)
mod5 = np.random.rand(1000)
```

下面，我们模拟 5 个预测准确率在 70%左右不同的学习模型：

```
# each model independently predicts 1 (the "correct response") if
random number was at least 0.3
preds1 = np.where(mod1 > 0.3, 1, 0)
preds2 = np.where(mod2 > 0.3, 1, 0)
preds3 = np.where(mod3 > 0.3, 1, 0)
preds4 = np.where(mod4 > 0.3, 1, 0)
preds5 = np.where(mod5 > 0.3, 1, 0)

print preds1.mean()
0.699
print preds2.mean()
0.698
print preds3.mean()
0.71
print preds4.mean()
0.699
print preds5.mean()
0.685

# Each model has an "accuracy of around 70% on its own
```

下面，我将施展"魔法"（其实是数学）：

```
# average the predictions and then round to 0 or 1
ensemble_preds = np.round((preds1 + preds2 + preds3 + preds4 +
preds5)/5.0).astype(int)
ensemble_preds.mean()

0.83
```

使用多个模型后，预测准确率出现了增长！这种现象叫作**孔多塞陪审团定理（Condorcet's jury theorem）**。

有点疯狂，不是吗？

在实践中，集成技术如果要发挥作用，各个模型必须满足以下两个特点：

- **准确性（accuracy）**：每个模型都要优于空模型；

- **独立性（independence）**：模型的预测结果不受其他模型的影响。

对于多个运行良好的模型，在某个模型可能出现的偏差，极有可能不会出现在其他模型之中。因此，当多个模型集成在一起时，这个偏差会被忽略。

模型集成的方法有两种：

- 通过写大量代码手工将多个模型合并在一起；

- 通过模型自动进行合并。

下面，我们将介绍一种自动合并模型的模型。在此之前，我们先总结一下决策树模型的重点内容。

决策树模型通常有较低的偏差、较高的方差。对于任何数据集，决策树会不断地提出问题，直到能够区分数据集中的每一个样本，或者说，直到最后一个节点只有一个样本。

虽然决策树模型能够对训练集进行深入分析，识别每一个样本的特征，但如果重新开始建模，决策树第 2 次问的问题很可能和第 1 次不同。这就导致同一训练集生成的决策树模型很可能完全不同，模型的方差很大！这样的模型不适合进行推广。

为了降低单个树的方差，我们可以通过 max_depth 参数对决策树提出的问题数量进行限制，或者我们可以生成一个由多个决策树组成的新模型——**随机森林（random forests）**。

12.4.1 随机森林

决策树模型的缺点之一是训练集不同的分叉结果会生成不同的决策树。Bagging 方法是常用的降低机器学习模型方差的方法，特别适合于决策树模型。

Bagging 是自助聚合法（Boostrap aggregation） 的缩写，它是自助样本（Bootstrap samples）聚合的结果。那什么是自助样本呢？它是采用放回抽样方法得到的样本。

```
# set a seed for reproducibility
np.random.seed(1)

# create an array of 1 through 20
```

```
nums = np.arange(1, 21)
print nums
[ 1  2  3  4  5  6  7  8  9 10 11 12 13 14 15 16 17 18 19 20]


# sample that array 20 times with replacement
np.random.choice(a=nums, size=20, replace=True)
[ 6 12 13  9 10 12  6 16  1 17  2 13  8 14  7 19  6 19 12 11]
# This is our bootstrapped sample notice it has repeat variables!
```

那么，Bagging 方法是如何对决策树模型产生作用的呢？

（1）从训练数据集中进行自助抽样，生成 N 个决策树模型；

（2）使用自助样本训练对应的决策树模型，并进行预测；

（3）合并所有决策树模型的预测结果：

    ○   对回归树的预测结果取平均值；

    ○   对聚类树的预测结果进行投票。

请注意：

● 自助样本的大小需要和初始训练集大小保持一致；

● 决策树模型数量 N 应该足够大，使得总误差趋于稳定；

● 决策树应该尽可能深，保持低偏差、高方差。

我们之所以倾向增加决策树的深度，是因为 Bagging 方法本身具有降低方差、提高预测准确性的特性，这和交叉验证方法降低样本方差的效果类似。

随机森林是 Bagging 的一种变异，只不过每次生成树的时候都需要对原始特征进行分拆——从包含有 p 个特征的数据集中提取 m 个特征组成随机样本。分拆后的样本需要满足以下条件：

● 每棵树随机使用随机样本中的特征；

● 对于分类树，m 值一般等于 p 的平方根；

● 对于回归树，m 值一般介于 $p/3 \sim p$ 之间。

为什么要这样做？

假设数据集中有一个非常重要的特征，那么每次生成决策树模型时，模型都会将该特征作为第一个分叉节点，导致由该数据集生成的模型彼此相似。

如果所有的模型都彼此相似，那么这些模型预测结果的平均值将无法显著降低模型方差（而这正是使用集成方法的目的）。而且，随机森林模型通过随机选取特征，降低了由方差导致的误差。

随机森林模型可以用于分类问题和回归问题，通过 scikit-learn 模块可以方便地使用它。下面我们尝试预测 MLB 球员的薪水，代码如下所示：

```
# read in the data
url = '../data/hitters.csv'

hitters = pd.read_csv(url)

# remove rows with missing values
hitters.dropna(inplace=True)

# encode categorical variables as integers
hitters['League'] = pd.factorize(hitters.League)[0]
hitters['Division'] = pd.factorize(hitters.Division)[0]
hitters['NewLeague'] = pd.factorize(hitters.NewLeague)[0]

# define features: exclude career statistics (which start with "C")
and the response (Salary)
feature_cols = [h for h in hitters.columns if h[0] != 'C' and h !=
'Salary']



# define X and y
X = hitters[feature_cols]
y = hitters.Salary
```

下面，我们用单一决策树模型进行预测，如图 12.15 所示。

```
from sklearn.tree import DecisionTreeRegressor

# list of values to try for max_depth
max_depth_range = range(1, 21)
```

```
# list to store the average RMSE for each value of max_depth
RMSE_scores = []

# use 10-fold cross-validation with each value of max_depth
from sklearn.cross_validation import cross_val_score
for depth in max_depth_range:
    treereg = DecisionTreeRegressor(max_depth=depth, random_state=1)
    MSE_scores = cross_val_score(treereg, X, y, cv=10, scoring='mean_
squared_error')
    RMSE_scores.append(np.mean(np.sqrt(-MSE_scores)))
# plot max_depth (x-axis) versus RMSE (y-axis)
plt.plot(max_depth_range, RMSE_scores)
plt.xlabel('max_depth')
plt.ylabel('RMSE (lower is better)')
```

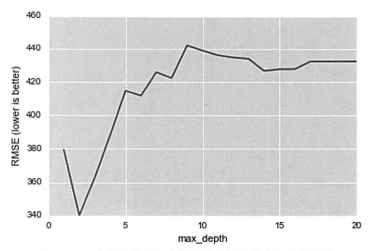

图 12.15 决策树模型均方根误差和树的最大深度的关系

下面使用随机森林模型进行预测，如图 12.16 所示。

```
from sklearn.ensemble import RandomForestRegressor


# list of values to try for n_estimators
estimator_range = range(10, 310, 10)

# list to store the average RMSE for each value of n_estimators
RMSE_scores = []
```

```
# use 5-fold cross-validation with each value of n_estimators
(WARNING: SLOW!)
for estimator in estimator_range:
    rfreg = RandomForestRegressor(n_estimators=estimator, random_
state=1)
    MSE_scores = cross_val_score(rfreg, X, y, cv=5, scoring='mean_
squared_error')
    RMSE_scores.append(np.mean(np.sqrt(-MSE_scores)))


# plot n_estimators (x-axis) versus RMSE (y-axis)
plt.plot(estimator_range, RMSE_scores)
plt.xlabel('n_estimators')
plt.ylabel('RMSE (lower is better)')
```

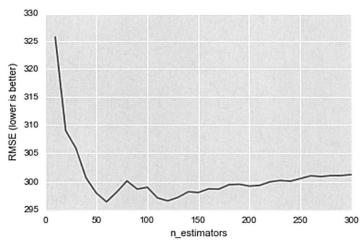

图 12.16　随机森林模型均方根误差和树的最大深度的关系

　　从图 12.16 很容易看出，平均而言，随机森林模型的均方根误差低于决策树模型！这说明随机森林模型的预测能力较之前有了很大提升。

　　我们可以像之前一样，计算各特征对随机森林模型的重要程度，如图 12.17 所示。

```
# n_estimators=150 is sufficiently good
rfreg = RandomForestRegressor(n_estimators=150, random_state=1)
rfreg.fit(X, y)
# compute feature importances
pd.DataFrame({'feature':feature_cols, 'importance':rfreg.feature_
```

```
importances_})).sort('importance', ascending = False)
```

	feature	importance
6	Years	0.263990
5	Walks	0.146786
1	Hits	0.139801
4	RBI	0.136265
0	AtBat	0.091551
9	PutOuts	0.060647
3	Runs	0.057460
2	HmRun	0.040183
11	Errors	0.024711
10	Assists	0.023367
8	Division	0.007628
12	NewLeague	0.004545
7	League	0.003067

图 12.17　各特征对随机森林模型的重要程度

从图 12.17 可见，球员参加联赛的年数是影响球员薪水的最重要因素。

12.4.2　随机森林 VS 决策树

随机森林不是数据科学问题的终极解决方法，虽然它有很多优点，但同样也有很多缺点。

随机森林的优点如下：

● 和监督学习相比，随机森林的模型效果具有很强的竞争力；

● 随机森林给出的特征重要程度更加可靠；

● 无需使用训练集/测试集和交叉验证方法，随机森林就能估计样本外的误差。

随机森林的缺点如下：

● 随机森林很难进行解释（因为不能可视化所有的决策树）；

● 随机森林进行训练和预测的速度较慢（不适合实时分析需求）。

12.5　神经网络

神经网络（neural networks）可能是谈论最多的机器学习模型，它是一种模拟动物神经系统的计算模型。在深入了解神经网络结构之前，我们先了解它的优点。

神经网络的结构虽然复杂，但具有很大弹性，它有以下两个优点：

● 神经网络适用于任何函数形态（也叫作"非参数"）；

● 神经网络可以根据所处环境的不同，对内部结构进行自我调整。

神经网络的基本结构

神经网络由互相连接的节点（**感知机**）组成，每个节点输入一个数值，同时输出另一个数值。信号在神经网络中传输直至到达最后一个预测节点。神经网络节点的可视化如图 12.18 所示。

神经网络另一个优势是它可以用来解决监督学习、无监督学习和强化学习等问题。神经网络强大的适应性，适合任何函数形态，并且能够随着环境进行自我调整的特性，使它尤其适合以下领域。

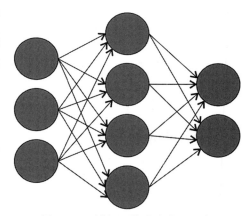

● 模式识别（Pattern recognition）：这是神经网络应用最广泛的领域。比如手写识别和图像处理（面部识别）。

● 实体运动（Entity movement）：包括自动驾驶汽车、机器人和无人机。

图 12.18　神经网络节点的可视化

● 异常侦测（Anomaly detection）：神经网络特别擅长发现模式，因此它也能很容易发现不符合模式的数据点。假设某个神经网络用于监测股票价格变动，在学习了股票价格模式之后，它就能在股票价格发生不寻常变化时通知你。

最简单的神经网络只有一个感知机。感知机接收外部输入信号，并输出一个信号，如图 12.19 所示。

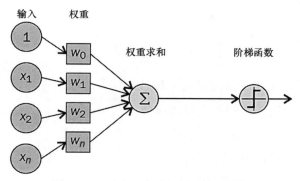

图 12.19　只有一个感知机的神经网络

输入的信号经过**权重（weighted）**调整后传递给**激活函数（activation function）**。对于简单的二进制结果，我们通常使用 Logistic 函数，如下所示：

$$f_{\log}(z) = \frac{1}{1 + e^{-z}}$$

为了生成神经网络，我们需要将多个感知机相连，如图 12.20 所示。

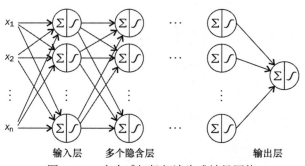

图 12.20　多个感知机相连生成神经网络

多层感知机（multilayer perceptron/MLP）是一种有限无环的图，节点是含有激活函数的神经元。

在模型训练过程中，模型会更新连接权重以得到最佳的预测效果。如果输入观测值后得到的输出信号为假而不是真，那么感知机中的 Logistic 函数将发生一些改变，这叫作**反向传播（backpropagation）**。神经网络通常分批次进行训练，也就是说，神经网络会使用多个训练数据集进行训练，每次训练时反向传播算法都将触发神经元之间连接权重的改变。

　　通过将多个复杂神经网络进行组合，我们可以很容易得到含有多个隐含层的深度神经网络。此时，我们就进入了**深度学习（deep learning）**的领域。深度神经网络可以适应任意函数形态，（理论上）还可以找出最优特征组合，并使用最优特征组合最大化预测能力。

　　下面我们用代码进行演示。我们将使用一个叫 PyBrain 的模块生成神经网络。在使用神经网络模型之前，我们先导入手写数据，并使用随机森林模型进行识别，如图 12.21 所示。

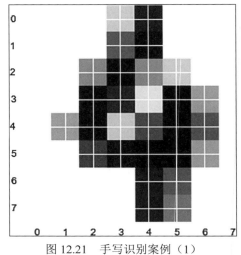

图 12.21　手写识别案例（1）

```python
from sklearn.cross_validation import cross_val_score
from sklearn import datasets
import matplotlib.pyplot as plt
from sklearn.ensemble import RandomForestClassifier
%matplotlib inline
digits = datasets.load_digits()

plt.imshow(digits.images[100], cmap=plt.cm.gray_r,
interpolation='nearest')
# a 4 digit
X, y = digits.data, digits.target

# 64 pixels per image
X[0].shape

# Try Random Forest
rfclf = RandomForestClassifier(n_estimators=100, random_state=1)
cross_val_score(rfclf, X, y, cv=5, scoring='accuracy').mean()
0.9382782
```

　　还不错！但 94% 的准确率也没有什么值得高兴的，我们看看是否还能做得更好？注意，PyBrain 的语法可能有点复杂。

```
from pybrain.datasets          import ClassificationDataSet
from pybrain.utilities          import percentError
from pybrain.tools.shortcuts    import buildNetwork
from pybrain.supervised.trainers import BackpropTrainer
from pybrain.structure.modules   import SoftmaxLayer
from numpy import ravel
# pybrain has its own data sample class that we must add
# our training and test set to
ds = ClassificationDataSet(64, 1 , nb_classes=10)
for k in xrange(len(X)):
    ds.addSample(ravel(X[k]),y[k])


# their equivalent of train test split
test_data, training_data = ds.splitWithProportion( 0.25 )

# pybrain's version of dummy variables
test_data. _convertToOneOfMany( )
training_data. _convertToOneOfMany( )



print test_data.indim # number of pixels going in
# 64
print test_data.outdim # number of possible options (10 digits)
# 10

# instantiate the model with 64 hidden layers (standard params)
fnn = buildNetwork( training_data.indim, 64, training_data.outdim,
outclass=SoftmaxLayer )
trainer = BackpropTrainer( fnn, dataset=training_data, momentum=0.1,
learningrate=0.01 , verbose=True, weightdecay=0.01)

# change the number of epochs to try to get better results!
trainer.trainEpochs (10) # 10 batches
print 'Percent Error on Test dataset: ' , \
        percentError( trainer.testOnClassData (
            dataset=test_data )
            , test_data['class'] )
```

模型将输出测试集上的最终误差。

```
Percent Error on Test dataset: 4.67706013363
accuracy = 1 - .0467706013363
accuracy
0.95322
```

哇，模型准确率更高了！随机森林和神经网络都能很好地解决这个问题，因为它们都是非参数模型，也就是说，它们不需要了解数据集的形态就能进行预测，它们能够预测任何函数形态。

```
plt.imshow(digits.images[0], cmap=plt.cm.gray_r,
interpolation='nearest')
```

```
fnn.activate(X[0])
array([ 0.92183643, 0.00126609, 0.00303146, 0.00387049,
0.01067609,
        0.00718017, 0.00825521, 0.00917995, 0.00696929,
0.02773482])
```

以上代码中的数组表示被识别图片为对应数字的概率，图片为 0 的概率是 92.18%；其次是 9，概率为 2.77%。这是因为 0 和 9 的形态非常相似，如图 12.22 所示。

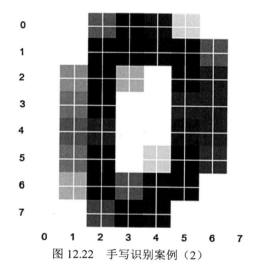

图 12.22　手写识别案例（2）

神经网络也有缺陷。如果仅使用神经网络，模型的方差非常高，下面我们用代码进行验证：

```
# Do it again and see the difference in error
fnn = buildNetwork( training_data.indim, 64, training_data.outdim,
outclass=SoftmaxLayer )
trainer = BackpropTrainer( fnn, dataset=training_data, momentum=0.1,
learningrate=0.01 , verbose=True, weightdecay=0.01)
```

```
# change the number of eopchs to try to get better results!
trainer.trainEpochs (10)
print 'Percent Error on Test dataset: ' , \
        percentError( trainer.testOnClassData (
            dataset=test_data )
            , test_data['class'] )

accuracy = 1 - .0645879732739
accuracy
0.93541
```

请注意，重新调整权重运行神经网络模型后，模型的运行结果和之前完全不同！这说明模型具有较高的方差。神经网络需要输入大量训练样本才能降低方差，同样需要大量运算才能在真实预测环境中运行。

12.6 总结

下面我们结束漫长的学习数据科学原理的旅程。在过去的 12 章，我们学习了概率论、统计学和机器学习，并利用它们解决各种难题。恭喜你完成了这些学习！希望这些知识对你有用，鼓励你学习更多的知识！

问：这是所有我需要知道的内容吗？

答：不是。本书仅包含了我能够列出的数据科学原理，还有非常多的其他内容值得你学习。

问：我还可以从哪里学习更多内容？

答：推荐你去 kaggle 网站寻找公开数据进行挑战，也可以尝试解决自己的问题。

问：我什么时候可以称自己为数据科学家？

答：当你能够从数据中发现见解，并被公司或其他人使用时，你就可以自豪地称自己是真正的数据科学家了。

第 13 章
案例

本章是全书的最后一章。我们将通过几个案例，增强你对数据科学的理解。

13.1 案例 1：基于社交媒体预测股票价格

这个案例非常有意思。我们将尝试根据社交媒体情绪，预测上市公司的股票价格。我们不会使用复杂的统计学和机器学习算法。相反，我们会利用**探索性数据分析（EDA/exploratory data analysis）** 和可视化方法，达到预测股价的目的。

13.1.1 文本情感分析

当我们说"情感（sentiment）"时，你需要知道它意味着什么。"情感"是一个介于 $-1\sim1$ 的量化指标。如果文本情感得分接近 -1，说明该文本为负面。如果文本情感得分接近 1，说明该文本为正面。如果文本情感得分接近 0，说明该文本为中性。我们将使用 Python 中的 Textblob 模块计算文本情感得分。

```
from textblob import TextBlob
import pandas as pd
%matplotlib inline
# use the textblob module to make a function called stringToSentiment
that returns a sentences sentiment
def stringToSentiment(text):
    return TextBlob(text).sentiment.polarity
```

下面，我们通过 stringToSentiment 函数调用 Textblob 模块为文本打分：

```
stringToSentiment('i hate you')
-0.8

stringToSentiment('i love you')
0.5

stringToSentiment('i see you')
0.0
```

接着，我们读取本案例需要使用的推文，如图 13.1 所示。

```
# read in tweets data into a dataframe
# these tweets are from last May and are about Apple (AAPL)
tweets = pd.read_csv('../data/so_many_tweets.csv')
tweets.head()
```

	Text	Date	Status	Retweet
0	RT @j_o_h_n_danger: $TWTR now top holding for ...	2015-05-24 03:46:08	602319644234395648	6.022899e+17
1	RT diggingplatinum RT WWalkerWW: iOS 9 vs. And...	2015-05-24 04:17:42	602327586983796737	NaN
2	RT bosocial RT insidermonkey RT j_o_h_n_danger...	2015-05-24 04:13:22	602326499534966784	NaN
3	RT @WWalkerWW: iOS 9 vs. Android M â The New...	2015-05-24 04:08:34	602325288740114432	6.023104e+17
4	RT @seeitmarket: Apple Chart Update: Big Test ...	2015-05-24 04:04:42	602324318903771136	6.023215e+17

图 13.1　案例使用的推文

13.1.2　探索性数据分析

图 13.1 所示的数据集有 4 列特征。

● Text：定类尺度，非结构化文本；

● Date：时间类型（假定时间类型是连续型数据）；

● Status：定类尺度，指本条推文的 ID；

● Retweet：定类尺度，表示本条推文转发来源的 ID。

数据集有 4 列，但有多少行呢？还有，每一行代表什么意思？目前看起来每一行是关于一家公司的推文。

```
tweets.shape
```

```
(52512, 4)
```

我们有 4 列、52 512 行推文可以使用。数据量很大!

我们的目的是使用这些推文的情感得分,因此我们需要在数据集中增加一列,表示该行文本的情感得分。我们直接使用之前用过的函数,在数据集中新增一列。

```
# create a new column in tweets called sentiment that maps
stringToSentiment to the text column
tweets['sentiment'] = tweets['Text'].apply(stringToSentiment)
```

```
tweets.head()
```

以上代码对 Text 列每一行应用 stringToSentiment 函数,如图 13.2 所示。

```
tweets.head()
```

	Text	Date	Status	Retweet	sentiment
0	RT @j_o_h_n_danger: $TWTR now top holding for ...	2015-05-24 03:46:08	602319644234395648	6.022899e+17	0.500000
1	RT diggingplatinum RT WWalkerWW: iOS 9 vs. And...	2015-05-24 04:17:42	602327586983796737	NaN	0.136364
2	RT bosocial RT insidermonkey RT j_o_h_n_danger...	2015-05-24 04:13:22	602326499534966784	NaN	0.500000
3	RT @WWalkerWW: iOS 9 vs. Android M â The New...	2015-05-24 04:08:34	602325288740114432	6.023104e+17	0.136364
4	RT @seeitmarket: Apple Chart Update: Big Test ...	2015-05-24 04:04:42	602324318903771136	6.023215e+17	0.000000

图 13.2　带情感得分的推文数据

现在,数据集中已经包含了推文的情感得分。我们将问题简化为利用一天中有价值的推文,预测 24 小时之内苹果公司(AAPL)的股价变化情况。为了实现这个目的,我们还有一个小问题需要解决。Date 列显示每天会有很多条推文,比如前 5 条推文均来自一天。我们需要对数据集重新取样,得出每天的情感得分平均值。

操作步骤如下:

(1)确认 Date 列是 Python 的 datetime 格式;

(2)用 Date 列替换 DataFrame 的 Index 列(方便使用各种 datatime 函数);

(3)对数据集重新取样,使每一行代表当天的情感得分平均值,而不是一条推文的情感得分。

DataFrame 中的 Index 列是特殊的序列，用来表示数据集中的每一行。默认情况下，DataFrame 将使用递增的整数代表每一行（0 表示第 1 行，1 表示第 2 行，以此类推）。

```
tweets.index
RangeIndex(start=0, stop=52512, step=1)

# As a list, we can splice it
list(tweets.index)[:5]

[0, 1, 2, 3, 4]
```

（4）首先，我们来处理日期问题，将 Date 列转换为 Python 中的 datetime 格式。

```
# cast the date column as a datetime
tweets['Date'] = pd.to_datetime(tweets.Date)
tweets['Date'].head()

Date
2015-05-24 03:46:08    2015-05-24 03:46:08
2015-05-24 04:17:42    2015-05-24 04:17:42
2015-05-24 04:13:22    2015-05-24 04:13:22
2015-05-24 04:08:34    2015-05-24 04:08:34
2015-05-24 04:04:42    2015-05-24 04:04:42

Name: Date, dtype: datetime64[ns]
```

（5）接着，我们用 datetime 列替换数据集的 Index 列，代码如下所示。

```
tweets.index = tweets.Date
tweets.index
Index([u'2015-05-24 03:46:08', u'2015-05-24 04:17:42', u'2015-05-
24 04:13:22',
       u'2015-05-24 04:08:34', u'2015-05-24 04:04:42', u'2015-05-
24 04:00:01',
       u'2015-05-24 03:54:07', u'2015-05-24 04:25:29', u'2015-05-
24 04:24:47',
       u'2015-05-24 04:06:42',
       ...
       u'2015-05-02 16:30:02', u'2015-05-02 16:29:35', u'2015-05-
02 16:28:26',
       u'2015-05-02 16:27:53', u'2015-05-02 16:27:02', u'2015-05-
```

```
02 16:26:39',
        u'2015-05-02 16:25:00', u'2015-05-02 16:23:39', u'2015-05-
02 16:23:38',
        u'2015-05-02 16:23:21'],
       dtype='object', name=u'Date', length=52512)
```

```
tweets.head()
```

Date	yesterday_sentiment	Close	yesterday_close	percent_change_in_price	change_close_big_deal
2015-05-05	0.084062	125.800003	128.699997	-0.022533	True
2015-05-06	0.063882	125.010002	125.800003	-0.006280	False
2015-05-07	0.066166	125.260002	125.010002	0.002000	False
2015-05-08	0.078892	127.620003	125.260002	0.018841	True
2015-05-11	0.102898	126.320000	127.620003	-0.010187	True

图 13.3 处理后的推文数据

 请注意：最左边的 Index 列之前是数字，现在已经变为日期，如图 13.3 所示。

最后，我们对数据集重新取样，使每一行代表当天的情感得分平均值，如图 13.4 所示。

```
# create a dataframe called daily_tweets which resamples tweets by
D, averaging the columns
daily_tweets = tweets[['sentiment']].resample('D', how='mean')
# I only want the sentiment column in my new Dataframe.
daily_tweets.head()
```

Date	sentiment
2015-05-02	0.083031
2015-05-03	0.107789
2015-05-04	0.084062
2015-05-05	0.063882
2015-05-06	0.066166

图 13.4 每一行代表当天的情感得分平均值

数据集现在看起来好多了！每一行表示当天的情感得分平均值。我们查看数据集包含多少天的推文：

```
daily_tweets.shape
```

```
(23, 1)
```

我们把超过 50 000 行的推文变为 23 天！下面我们查看情感得分的变化情况，如图 13.5 所示。

```
# plot the sentiment as a line graph
daily_tweets.sentiment.plot(kind='line')
```

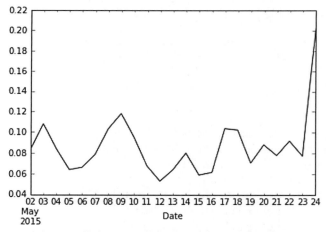

图 13.5　某公司 2015 年 5 月 23 天的平均情感得分

通过 Yahoo Finance API 获得金融数据，如图 13.6 所示。

```
# get historical prices through the Yahoo Finance API
from yahoo_finance import Share①
yahoo = Share("AAPL")
historical_prices = yahoo.get_historical('2015-05-2', '2015-05-25')
prices = pd.DataFrame(historical_prices)

prices.head()
```

---

① 译者注：Yahoo Finance API 已经无法正常使用，建议通过爬虫抓取数据。

	Adj_Close	Close	Date	High	Low	Open	Symbol	Volume
0	129.180748	132.539993	2015-05-22	132.970001	131.399994	131.600006	AAPL	45596000
1	128.059901	131.389999	2015-05-21	131.630005	129.830002	130.070007	AAPL	39730400
2	126.763608	130.059998	2015-05-20	130.979996	129.339996	130.00	AAPL	36454900
3	126.773364	130.070007	2015-05-19	130.880005	129.639999	130.690002	AAPL	44633200
4	126.890318	130.190002	2015-05-18	130.720001	128.360001	128.380005	AAPL	50882900

图 13.6　金融数据

我们还需要考虑两个事情：

- 我们只对每天交易的收盘价（Close 列）感兴趣；

- 我们同样需要将该数据集的 Index 列转换为 datatime 格式，这样才能和情感得分数据集合并在一起。

```
# Set the index of the price dataframe to also be datetimes
prices.index = pd.to_datetime(prices['Date'])

prices.info() #the columns aren't numbers!



<class 'pandas.core.frame.DataFrame'>
DatetimeIndex: 15 entries, 2015-05-22 to 2015-05-04
Data columns (total 8 columns):
Adj_Close       15 non-null object
Close           15 non-null object          # NOT A NUMBER
Date            15 non-null object
High            15 non-null object
Low             15 non-null object
Open            15 non-null object
Symbol          15 non-null object
Volume          15 non-null object
dtypes: object(8)
```

下面我们对数据进行修复，同样需要修复的还有 Volume 列，它代表股票每天的成交量。

```
# cast the column as numbers
prices.Close = not_null_close.Close.astype('float')
prices.Volume = not_null_close.Volume.astype('float')
```

现在，我们将成交量和苹果公司股价绘制在一幅图中，如图 13.7 所示。

```
# plot both volume and close as line graphs in the same graph, what do
```

```
you notice is the problem?
prices[["Volume", 'Close']].plot()
```

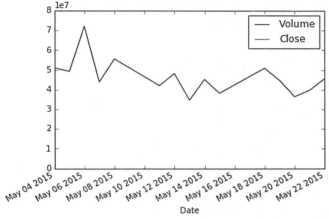

图 13.7 成交量和苹果公司股价

	Volume	Close
count	1.500000e+01	15.000000
mean	4.649939e+07	128.170667
std	9.167054e+06	2.386393
min	3.469420e+07	125.010002
25%	4.088310e+07	125.940002
50%	4.520350e+07	128.699997
75%	5.007715e+07	130.065002
max	7.214100e+07	132.539993

图 13.8 Volume 和 Close 列的数据

哇，Close 列竟然没有出现！通过仔细观察我们会发现，这是因为 Volume 列和 Close 列处在完全不同的数据范围！

```
prices[["Volume", 'Close']].describe()
```

如图 13.8 所示，Volume 列的均值在千万级，然而 Close 列的均值只有 128！

```
# scale the columns by z scores using StandardScaler
# Then plot the scaled data
s = StandardScaler()
only_prices_and_volumes = prices[["Volume", 'Close']]
price_volume_scaled = s.fit_transform(only_prices_and_volumes)
pd.DataFrame(price_volume_scaled, columns=["Volume", 'Close']).plot()
```

以上代码的运行结果如图 13.9 所示，看起来好多了！我们很容易看出苹果公司股价在中间位置下降了，但对应的交易量却上升了。这符合常理。

```
# concatinate prices.Close, and daily_tweets.sentiment

merged = pd.concat([prices.Close, daily_tweets.sentiment], axis=1)
merged.head()
```

如图 13.10 所示，为什么 Close 列会有空值呢？查看日历后我们发现，2015 年 5 月 2 日是周六，证券市场在周六处于闭市状态，因此这一天没有收盘价，但有情感得分！我们需要决定是否移除这些值。由于我们需要预测下一天的收盘价和价格涨跌情况，所以我们选择移除所有缺失值。

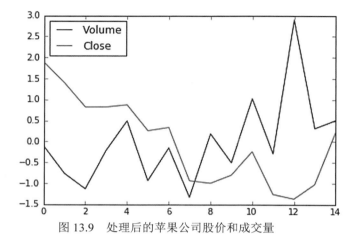

图 13.9 处理后的苹果公司股价和成交量

	Close	sentiment
Date		
2015-05-02	NaN	0.083031
2015-05-03	NaN	0.107789
2015-05-04	128.699997	0.084062
2015-05-05	125.800003	0.063882
2015-05-06	125.010002	0.066166

图 13.10 Close 列有空值

```
# Delete any rows with missing values in any column
merged.dropna(inplace=True)
```

我们用图形表示它，如图 13.11 所示。

```
merged.plot()
# wow that looks awful
```

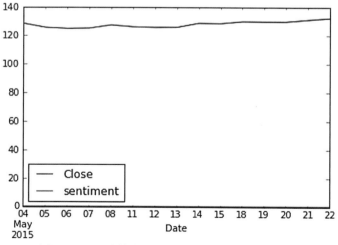

图 13.11 移除缺失值后的苹果公司股价和成交量

图 13.11 看起来还是很糟糕，因为我们没有调整特征值的尺度。调整后如图 13.12 所示。

```
# scale the columns by z scores using StandardScaler
from sklearn.preprocessing import StandardScaler
s = StandardScaler()
merged_scaled = s.fit_transform(merged)

pd.DataFrame(merged_scaled, columns=merged.columns).plot()
# notice how sentiment seems to follow the closing price
```

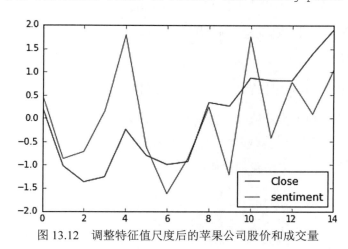

图 13.12　调整特征值尺度后的苹果公司股价和成交量

现在看起来好多了！我们现在可以开始观察股票收盘价和社交情感得分之间的关系，两者看起来确实有相关性。更进一步，我们对数据集使用监督机器学习模型。首先，我们需要定义预测因子和响应变量。根据我们之前的定义，响应变量是预测结果——股票收盘价格，预测因子是用来预测响应变量的特征——社交情感得分。

数据集中的每一行表示当天的收盘价和情感得分。然而，我们希望使用今天的情感得分预测明天的股票价格。实际上，当天收盘价的社交情感得分已经反映在当天。因此，我们的响应变量是当天的收盘价，预测因子是昨天的社交情感得分。

下面，我们使用 Pandas 的 shift 方法将情感得分列整体向后移一行。

```
# Shift the sentiment column backwards one item

merged['yesterday_sentiment'] = merged['sentiment'].shift(1)
merged.head()
```

如图 13.13 所示，效果很好！对于每一行，我们有了真正用于预测的特征列 yesterday_sentiment。请注意，该列第一行有空值！这是因为那天是股票交易的第 1 天，还没有产生市场情感。在移除该行之前，我们先来定义响应列。

Date	Close	sentiment	yesterday_sentiment
2015-05-04	128.699997	0.084062	NaN
2015-05-05	125.800003	0.063882	0.084062
2015-05-06	125.010002	0.066166	0.063882
2015-05-07	125.260002	0.078892	0.066166
2015-05-08	127.620003	0.102898	0.078892

图 13.13 将情感得分列整体后移一行

对于响应列，我们有以下两种选择：

● 如果需要响应列为定量值，则使用回归模型；

● 如果需要响应列为定性特征，则使用分类模型。

数据科学家需要根据实际情况选择最合适的方案。如果你希望对情感得分和股价变动情况进行分析，推荐使用分类模型。如果你希望对情感得分和股价变动金额进行分析，推荐使用回归模型。两种方法我都将使用！

回归模型

数据集中已经有了预测因子和响应变量。在正式建模之前，我们需要移除缺失值，如图 13.14 所示。

```
# Make a new dataframe for our regression and drop the null values

regression_df = merged[['yesterday_sentiment', 'Close']]
regression_df.dropna(inplace=True)
regression_df.head()
```

Date	yesterday_sentiment	Close
2015-05-05	0.084062	125.800003
2015-05-06	0.063882	125.010002
2015-05-07	0.066166	125.260002
2015-05-08	0.078892	127.620003
2015-05-11	0.102898	126.320000

图 13.14 移除缺失值

我们同时使用随机森林模型和线性回归模型，并用均方根误差对比两个模型的效果。

```
# Imports for our regression

from sklearn.linear_model import LinearRegression
from sklearn.ensemble import RandomForestRegressor
from sklearn.cross_validation import cross_val_score
import numpy as np
```

下面对比交叉验证后两个模型的均方根误差：

```
# Our RMSE as a result of cross validation linear regression

linreg = LinearRegression()
rmse_cv = np.sqrt(abs(cross_val_score(linreg, regression_
df[['yesterday_sentiment']], regression_df['Close'], cv=3,
scoring='mean_squared_error').mean()))
rmse_cv

3.49837
# Our RMSE as a result of cross validation random forest

rf = RandomForestRegressor()
rmse_cv = np.sqrt(abs(cross_val_score(rf, regression_df[['yesterday_
sentiment']], regression_df['Close'], cv=3, scoring='mean_squared_
error').mean()))
rmse_cv

3.30603
```

两个模型的均方根误差都在3.5附近，这说明平均来看，模型的预测误差是3.5美元。考虑到股票价格每天的变化幅度没有这么大，模型的预测误差显然太大，不能接受。

```
regression_df['Close'].describe()

count      14.000000
mean      128.132858
std         2.471810 # Our standard deviation is less than our RMSE
(bad sign)
min       125.010002
25%       125.905003
50%       128.195003
75%       130.067505
max       132.539993
```

另一种验证模型合理性的方法是将模型的均方根误差和空模型的均方根误差做对比。回归分析的空模型将平均值作为预测结果。

```
# null model for regression
mean_close = regression_df['Close'].mean()
preds = [mean_close]*regression_df.shape[0]
preds
from sklearn.metrics import mean_squared_error
null_rmse = np.sqrt(mean_squared_error(preds, regression_df['Close']))
null_rmse
```

2.381895

很明显，随机森林模型和线性回归模型的均方根误差都比空模型大，说明这两个模型可能不是一个好的选择。

分类模型

对于分类模型，由于数据集中没有分类响应特征，所以我们需要多做点准备工作，将 Close 列转换为分类特征。我们将在数据集中新增 change_close_big_deal 列，该列的计算规则如下：

$$change\_close\_big\_deal = \begin{cases} 1, & 股票价格变化率 > 1\%或 < -1\% \\ 0, & -1\% \leqslant 股票价格变化率 \leqslant 1\% \end{cases}$$

也就是说，如果股票价格发生重大变化，响应值为 1，反之响应值为 0。

```
# Imports for our classification

from sklearn.linear_model import LogisticRegression
from sklearn.ensemble import RandomForestClassifier
from sklearn.cross_validation import cross_val_score
import numpy as np


# Make a new dataframe for our classification and drop the null values

classification_df = merged[['yesterday_sentiment', 'Close']]

# variable to represent yesterday's closing price
```

```
classification_df['yesterday_close'] = classification_df['Close'].
shift(1)

# column that represents the precent change in price since yesterday
classification_df['percent_change_in_price'] = (classification_
df['Close']-classification_df['yesterday_close']) / classification_
df['yesterday_close']

# drop any null values
classification_df.dropna(inplace=True)
classification_df.head()
# Our new classification response

classification_df['change_close_big_deal'] = abs(classification_
df['percent_change_in_price'] ) > .01
classification_df.head()
```

新增 change_close_big_deal 列后的新数据集如图 13.15 所示。

	yesterday_sentiment	Close	yesterday_close	percent_change_in_price	change_close_big_deal
Date					
2015-05-05	0.084062	125.800003	128.699997	-0.022533	True
2015-05-06	0.063882	125.010002	125.800003	-0.006280	False
2015-05-07	0.066166	125.260002	125.010002	0.002000	False
2015-05-08	0.078892	127.620003	125.260002	0.018841	True
2015-05-11	0.102898	126.320000	127.620003	-0.010187	True

图 13.15　新增 change_close_big_deal 列后的数据集

下面我们用和回归模型相同的交叉验证方法，只不过这一次我们使用交叉验证模块中的 accuracy 特征。我们将使用两种机器学习分类算法。

```
# Our accuracy as a result of cross validation random forest

rf = RandomForestClassifier()
accuracy_cv = cross_val_score(rf, classification_df[['yesterday_
sentiment']], classification_df['change_close_big_deal'], cv=3,
scoring='accuracy').mean()

accuracy_cv

0.1777777
```

随机森林模型的预测准确率看起来不太好，我们用 Logistic 回归模型再试一遍。

```
# Our accuracy as a result of cross validation logistic regression

logreg = LogisticRegression()
accuracy_cv = cross_val_score(logreg, classification_df[['yesterday_
sentiment']], classification_df['change_close_big_deal'], cv=3,
scoring='accuracy').mean()

accuracy_cv

0.5888
```

Logistic 回归模型的预测准确率看起来好多了！当然，我们还需要将以上模型和空模型做对比。

```
# null model for classification
null_accuracy = 1 - classification_df['change_close_big_deal'].mean()

null_accuracy

0.5833333
```

结果显示，Logistic 回归模型的准确率高于空模型！这意味着使用机器学习算法根据社交媒体情感预测股价，比单纯瞎猜更好！

13.1.3　超越案例

在本例中，我们还可以用很多种方法提升模型预测的准确率，比如可以增加新特征，如情感得分的移动平均值，而不仅仅是昨天的情感得分；还可以增加更多案例（行数），强化情感得分在模型中的作用；甚至可以从 Facebook 和其他媒体获取更多股价变动的信息。

本例中模型使用的数据集只有 14 个数据点，远远达不到算法进入生产环境的最低要求。但是，这对于讲解案例已经足够了。如果你的目的是构建一个可以有效预测股价变化的金融算法，那么还需要获取更多媒体信息和股价信息。

我们还可以花更多时间，利用 sklearn 包中 gridsearchCV 模块优化模型参数，找出最佳模型。除此之外，还有一些专门面向时间序列数据的模型，比如 ARIMA 模型。类似于 ARIMA 这样的模型倾向于归零化时间序列特征。

13.2　案例 2：为什么有些人会对配偶撒谎

1978 年，进行了一项针对家庭主妇的调查，调查的目的是分析家庭主妇产生婚外恋的主要原因。这项调查结果后来成为很多婚外恋研究的基础。

监督学习模型通常用于预测。但是在本例中，我们用它从众多特征中找出促使人们发生婚外恋的最重要的特征。

首先，我们读取数据，如图 13.16 所示。

```
# Using dataset of a 1978 survey conducted to measure likliehood of
women to perform extramarital affairs
# http://statsmodels.sourceforge.net/stable/datasets/generated/fair.
html

import statsmodels.api as sm
affairs_df = sm.datasets.fair.load_pandas().data
affairs_df.head()
```

	rate_marriage	age	yrs_married	children	religious	educ	occupation	occupation_husb	affairs
0	3.0	32.0	9.0	3.0	3.0	17.0	2.0	5.0	0.111111
1	3.0	27.0	13.0	3.0	1.0	14.0	3.0	4.0	3.230769
2	4.0	22.0	2.5	0.0	1.0	16.0	3.0	5.0	1.400000
3	4.0	37.0	16.5	4.0	3.0	16.0	5.0	5.0	0.727273
4	5.0	27.0	9.0	1.0	1.0	14.0	3.0	4.0	4.666666

图 13.16　家庭主妇产生婚外恋的数据集

statsmodels 网站提供了数据字典，如下所示。

- rate_marriage：妻子对婚姻的评价，1 表示非常糟糕，2 表示糟糕，3 表示一般，4 表示好，5 表示非常好。该字段为定序尺度。

- age：妻子的年龄。该字段为定比尺度。

- yrs_married：结婚的年数。该字段为定比尺度。

- children：夫妻共同生育的孩子数量。该字段为定比尺度。

- religious：妻子的宗教信仰程度，1 表示无，2 表示轻微，3 表示一般，4 表示强烈。该字段为定序尺度。

- educ：教育程度，9 表示小学，12 表示高中，14 表示大学辍学，16 表示大学，17 表示研究生，20 表示更高层次。该字段为定比尺度。

- occupation：妻子的职业。1 表示学生，2 表示农民、半熟练工人和非熟练工人，3 表示白领，4 表示教师、辅导员、社工、护士、艺术家、作家、技师和熟练工人，5 表示管理人员和商人，6 表示具有高学历的专家。该字段为定类尺度。

- occupation_husb：丈夫的职业。和 occupation 字段一致，该字段为定类尺度。

- affairs：在婚外恋上花费的时间，该字段为定比尺度。

虽然数据集中已经有了定量响应变量，但我们的目的是识别哪个特征对发生婚外恋的影响最大，所以 affairs 特征的值对我们并不重要，我们需要新建一个分类变量 affair_binary，真（True）表示在婚外恋上花费的时间大于 0min，假（False）表示花费的时间等于 0min。

```
# Create a categorical variable
affairs_df['affair_binary'] = (affairs_df['affairs'] > 0)
```

从现在起，我们将 affair_binary 列作为响应变量。我们希望找出各个特征和响应变量之间的关系。

我们先从简单的相关性矩阵开始。矩阵表示各定量变量和响应变量之间的线性关系。我们分别用数值构成的矩阵和热力图表示相关性矩阵。

```
# find linear correlations between variables and affair_binary
affairs_df.corr()
```

请注意，图 13.17 中我们需要忽略对角线上的值，因为它们表示的是定量指标和自身的相关性，永远等于 1；定量指标和其他指标的相关性介于 $-1 \sim 1$ 之间。相关性矩阵对角线两边完全对称。

从相关性矩阵可以看出，以下特征比较突出：

- affairs。

- age。

- yrs_married。

- children。

	rate_marriage	age	yrs_married	children	religious	educ	occupation	occupation_husb	affairs	affair_binary
rate_marriage	1.000000	-0.111127	-0.128978	-0.129161	0.078794	0.079869	0.039528	0.027745	-0.178068	-0.331776
age	-0.111127	1.000000	0.894082	0.673902	0.136598	0.027960	0.106127	0.162567	-0.089964	0.146519
yrs_married	-0.128978	0.894082	1.000000	0.772806	0.132683	-0.109058	0.041782	0.128135	-0.087737	0.203109
children	-0.129161	0.673902	0.772806	1.000000	0.141845	-0.141918	-0.015068	0.086660	-0.070278	0.159833
religious	0.078794	0.136598	0.132683	0.141845	1.000000	0.032245	0.035746	0.004061	-0.125933	-0.129299
educ	0.079869	0.027960	-0.109058	-0.141918	0.032245	1.000000	0.382286	0.183932	-0.017740	-0.075280
occupation	0.039528	0.106127	0.041782	-0.015068	0.035746	0.382286	1.000000	0.201156	0.004469	0.028981
occupation_husb	0.027745	0.162567	0.128135	0.086660	0.004061	0.183932	0.201156	1.000000	-0.015614	0.017637
affairs	-0.178068	-0.089964	-0.087737	-0.070278	-0.125933	-0.017740	0.004469	-0.015614	1.000000	0.464046
affair_binary	-0.331776	0.146519	0.203109	0.159833	-0.129299	-0.075280	0.028981	0.017637	0.464046	1.000000

图 13.17 1978 年调查结果的相关性矩阵

相关性矩阵中有一个指标具有欺骗性。变量 *affairs* 和 *affair_binary* 的相关性最高，这是因为 *affair_binary* 列的值是基于 *affairs* 列生成的！因此，我们需要忽略 *affairs* 列。下面我们通过热力图查看相关性。

```
import seaborn as sns
sns.heatmap(affairs_df.corr())
```

用热力图表示的相关性矩阵，颜色深浅表示相关性强度，如图 13.18 所示。

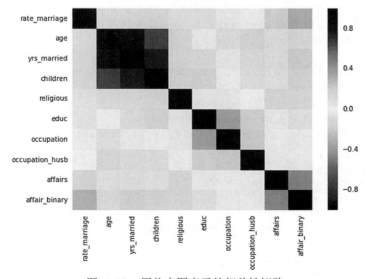

图 13.18 用热力图表示的相关性矩阵

我们需要特别注意图中深红和深黑区域，因为这些颜色表示特征之间具有很高的相关性。

相关性矩阵并不是表示特征变量和响应变量之间关系的唯一方法，它计算的是变量之间的线性相关性。通过计算决策树分类器的相关系数，我们还可以找出其他和响应变量相关，但并不是线性关系的新变量。

 请注意: 图 13.18 中有两个变量并不应该出现。你能够指出来吗？答案是 *occupation* 和 *occupation_husb*。我们之前将其归为定类尺度，所以它们不应该出现在相关性矩阵中。但是，由于 Pandas 并不知道这一点，所以将其视为整型的定量变量。不用担心，我们随后将对它进行修复。

首先在 Dataframe 中新增 *x* 和 *y* 列：

```
affairs_X = affairs_df.drop(['affairs', 'affair_binary'], axis=1)
# data without the affairs or affair_binary column

affairs_y = affairs_df['affair_binary']
```

下面，我们将生成决策树分类器，并对模型进行交叉验证。

```
from sklearn.tree import DecisionTreeClassifier
model = DecisionTreeClassifier()
# instantiate the model

from sklearn.cross_validation import cross_val_score
# import our cross validation module

# check the accuracy on the training set
scores = cross_val_score(model, affairs_X, affairs_y, cv=10)

print scores.mean(), "average accuracy"
0.659756806845 average accuracy


print scores.std(), "standard deviation" # very low, meaning variance
of the model is low
0.0204081732291 standard deviation

# Looks ok on the cross validation side
```

由于模型的标准差非常低，因此方差也较低。这是一个好现象，说明模型对于交叉验证的每一层数据，都能很好地适应，因此模型更加可靠。

既然模型非常可靠，我们就可以将其应用在整个数据集，然后找出影响最大的特征。

```
import pandas as pd
# Explore individual features that make the biggest impact
# rate_marriage, yrs_married, and occupation_husb. But one of these
variables doesn't quite make sense right?
# Its the occupation variable, because they are nominal, their
interpretations
model.fit(affairs_X, affairs_y)
pd.DataFrame({'feature':affairs_X.columns, 'importance':model.feature_
importances_}).sort('importance').tail(3)
```

图 13.19 显示，对响应变量影响最大的特征是 occupation_husb，其次是 rate_marriage 和 yrs_married。但是，这个结果看起来并不合理，因为 occupation_husb 是定类尺度！所以我们需要通过哑变量技术，在数据集中增加新列，以替换 occupation_husb 和 occupation。

	feature	importance
2	yrs_married	0.136953
0	rate_marriage	0.142588
7	occupation_husb	0.173304

图 13.19　对响应变量影响大的特征

下面用哑变量替换 occupation 列，如图 13.20 所示。

```
# Dummy Variables:

# Encoding qualitiative (nominal) data using separate columns (see
slides for linear regression for more)

occuptation_dummies = pd.get_dummies(affairs_df['occupation'],
prefix='occ_').iloc[:, 1:]

# concatenate the dummy variable columns onto the original DataFrame
(axis=0 means rows, axis=1 means columns)
affairs_df = pd.concat([affairs_df, occuptation_dummies], axis=1)
affairs_df.head()
```

educ	occupation	occupation_husb	affairs	affair_binary	occ__2.0	occ__3.0	occ__4.0	occ__5.0	occ__6.0
17.0	2.0	5.0	0.111111	True	1.0	0.0	0.0	0.0	0.0
14.0	3.0	4.0	3.230769	True	0.0	1.0	0.0	0.0	0.0
16.0	3.0	5.0	1.400000	True	0.0	1.0	0.0	0.0	0.0
16.0	5.0	5.0	0.727273	True	0.0	0.0	0.0	1.0	0.0
14.0	3.0	4.0	4.666666	True	0.0	1.0	0.0	0.0	0.0

图 13.20　用哑变量替换 occupation 列

数据集中增加了很多列。请注意，这些新列（occ_2.0、occ_3.0 和 occ_4.0 等）是二进制变量，表示妻子的职业编码是否是 2、3 或者 4。

```
# Now for the husband's job

occuptation_dummies = pd.get_dummies(affairs_df['occupation_husb'],
prefix='occ_husb_').iloc[:, 1:]

# concatenate the dummy variable columns onto the original DataFrame
(axis=0 means rows, axis=1 means columns)
affairs_df = pd.concat([affairs_df, occuptation_dummies], axis=1)
affairs_df.head()

(6366, 20)
```

现在，数据集有 20 列！我们再次运行决策树模型，找出最重要的特征。

```
# remove appropiate columns for feature set
affairs_X = affairs_df.drop(['affairs', 'affair_binary', 'occupation',
'occupation_husb'], axis=1)
affairs_y = affairs_df['affair_binary']

model = DecisionTreeClassifier()
from sklearn.cross_validation import cross_val_score
# check the accuracy on the training set
scores = cross_val_score(model, affairs_X, affairs_y, cv=10)
print scores.mean(), "average accuracy"
print scores.std(), "standard deviation" # very low, meaning variance
of the model is low

# Still looks ok
# Explore individual features that make the biggest impact
model.fit(affairs_X, affairs_y)
pd.DataFrame({'feature':affairs_X.columns, 'importance':model.feature_
importances_}).sort('importance').tail(10)
```

结果如图 13.21 所示，以下 5 个特征对响应变量影响最大。

● rate_marriage：妻子对婚姻的评价；

● children：孩子的数量；

● yrs_married：结婚的年数；

- educ：妻子的教育程度；

- age：妻子的年龄。

	feature	importance
15	occ_husb__6.0	0.024299
11	occ_husb__2.0	0.030418
14	occ_husb__5.0	0.042021
13	occ_husb__4.0	0.047874
4	religious	0.098630
1	age	0.111628
5	educ	0.131468
2	yrs_married	0.132034
3	children	0.134374
0	rate_marriage	0.139502

图 13.21　5 个特征对响应变量影响最大

因此，我们可以得出结论，根据 1978 年的调查数据，以上 5 个变量是导致已婚女性发生婚外恋的最重要因素。

13.3　案例 3：初试 TensorFlow

下面我将用一种更现代的机器学习算法结束我们在一起的时光，它就是 Google 公司推出的机器学习分支——TensorFlow。

TensorFlow 是一个开源的机器学习模块，它拥有简化的深度学习和神经网络能力。我将花点时间对 TensorFlow 进行简单介绍，然后用它解决几个问题。TensorFlow 的语法和正常的 scikit-learn 语法略有差异，我将一步一步引导大家。

首先，我们导入一些模块。

```
from sklearn import datasets, metrics
import tensorflow as tf
import numpy as np
from sklearn.cross_validation import train_test_split
%matplotlib inline
```

我们从 sklearn 包中导入了 train_test_split、datasets 和 metrics 模块，其中 train_test_split 模块用于对训练集进行拆分，降低过拟合；datasets 模块用于导入待分类的 iris 数据；metrics 模块用于计算学习模块的一些性能指标。

TensorFlow 以独特的方式运行，它通过对整个数据集进行迭代，持续更新模型以适应数据，实现误差函数最小化。

请注意，TensorFlow 不仅仅有神经网络，它还包含很多简单的模型。下面我们用 TensorFlow 生成 Logistic 回归模型，代码如下所示。

```
# Our data set of iris flowers
iris = datasets.load_iris()

# Load datasets and split them for training and testing
X_train, X_test, y_train, y_test = train_test_split(iris.data, iris.
target)


####### TENSORFLOW #######

# Here is tensorflow's syntax for defining features.
# We must specify that all features have real-value data
feature_columns = [tf.contrib.layers.real_valued_column("",
dimension=4)]
# notice the dimension is set to four because we have four columns

# We set our "learning rate" which is a decimal that tells the network
# how quickly to learn
optimizer = tf.train.GradientDescentOptimizer(learning_rate=.1)
# A learning rate closer to 0 means the network will learn slower


# Build a linear classifier (logistic regression)
# note we have to tell tensorflow the number of classes we are looking
for
# which are 3 classes of iris
classifier = tf.contrib.learn.LinearClassifier(feature_
columns=feature_columns,
                                        optimizer=optimizer,
                                            n_classes=3)
```

```
# Fit model. Uses error optimization techniques like stochastic
gradient descent
classifier.fit(x=X_train,
               y=y_train,
               steps=1000) # number of iterations
```

我将对以上重要的代码片段进行解释，以便你更好地理解发生了什么。

- **feature_columns = [tf.contrib.layers.real_valued_column("", dimension=4)]。**

创建 4 个和萼片高度相关的输入列，分别是 sepal length、sepal width、petal length 和 petal width。

- **optimizer = tf.train.GradientDescentOptimizer(learning_rate=.1)。**

告诉 TensorFlow 用**梯度下降法（gradient desent）**进行优化，这意味着我们将定义误差函数，并一步一步最小化误差函数。

模型的学习速率应维持在 0 附近，确保缓慢学习。因为如果模型学习速度过快，有可能跳过最佳答案！

- **classifier = tf.contrib.learn.LinearClassifier(feature_columns=feature_columns,**

optimizer=optimizer, n_classes=3)。

当我们为 LinearClassifier 指定了和 Logistic 回归模型相同的最小误差函数时，相当于让 LinearClassifier 像 Logistic 回归模型一样工作。

我们已经在第 1 步定义了特征列 feature_columns。参数 optimizer 是最小化误差函数的方法，即第 2 步定义的梯度下降法。参数 n_classes 是分类的数量，由于有 3 种不同的鸢尾花，所以参数等于 3。

- **classifier.fit(x=X_train, y=y_train, steps=1000)。**

模型的训练方法和 scikit-learn 非常相似，除了新增一个参数 steps。参数 steps 是我们希望模型遍历数据集的次数。当我们将参数设置为 1 000 时，模型将在数据集中迭代 1 000 次。模型迭代的次数越多，越有机会学到东西。

下面运行以上代码，生成线性分类器，并计算模型的准确率。

```
# Evaluate accuracy.
accuracy_score = classifier.evaluate(x=X_test,
                                     y=y_test)["accuracy"]

print('Accuracy: {0:f}'.format(accuracy_score))
Accuracy: 0.973684
```

非常棒！需要提醒你的是，当我们使用 TensorFlow 时，可以通过 predict 函数将模型运用到相似样本中，如下所示：

```
# Classify two new flower samples.
new_samples = np.array(
    [[6.4, 3.2, 4.5, 1.5], [5.8, 3.1, 5.0, 1.7]], dtype=float)

y = classifier.predict(new_samples)
print('Predictions: {}'.format(str(y)))
Predictions: [1 2]
```

下面，我们将 TensorFlow 模型和 scikit-learn 提供的标准 Logistic 回归模型做对比。

```
from sklearn.linear_model import LogisticRegression
# compare our result above to a simple scikit-learn logistic
regression

logreg = LogisticRegression()
# instantiate the model

logreg.fit(X_train, y_train)
# fit it to our training set

y_predicted = logreg.predict(X_test)
# predict on our test set, to avoid overfitting!

accuracy = metrics.accuracy_score(y_predicted, y_test)
# get our accuracy score

accuracy
# It's the same thing!
```

哇！看起来迭代 1 000 次、经过梯度下降优化后的 TensorFlow 模型并没有比简单的 Logistic 回归模型更好。如果我们将 TensorFlow 模型的迭代次数由 1 000 次提高到 2 000 次，会怎么样呢？

```
feature_columns = [tf.contrib.layers.real_valued_column("",
dimension=4)]

optimizer = tf.train.GradientDescentOptimizer(learning_rate=.1)

classifier = tf.contrib.learn.LinearClassifier(feature_
columns=feature_columns,
                                              optimizer=optimizer,
                                   n_classes=3)

classifier.fit(x=X_train,
              y=y_train,
              steps=2000) # number of iterations is 2000 now
```

除了参数 steps 由 1 000 增加到 2 000 之外，以上代码和之前一样。

```
# Evaluate accuracy.
accuracy_score = classifier.evaluate(x=X_test,
                                     y=y_test)["accuracy"]


print('Accuracy: {0:f}'.format(accuracy_score))
Accuracy: 0.973684
```

 请注意，在选择迭代次数时要非常谨慎。增加迭代次数，相当于让模型在相同的训练数据集中一次又一次运行，这增大了过拟合的风险！为了避免出现这种情况，推荐将训练集拆分为多个，让模型在每一个子训练集中运行（K 层交叉验证）。

需要提醒的是，TensorFlow 模型通常具有"低偏差，高方差"的特点。这意味着如果再次运行以上代码，可能会得到不同的结果！这是使用深度学习模型时需要牢记的告诫之一。模型预测的偏差可能很低，但是由于方差较高，导致模型的运行效果可能不适用于其他样本。交叉验证方法有助于避免出现这种情况。

TensorFlow 和神经网络

下面，我们将在 iris 数据集中使用一个更加强大的模型。我们将用神经网络模型对鸢尾花进行分类。

```
# Specify that all features have real-value data
feature_columns = [tf.contrib.layers.real_valued_column("",
dimension=4)]

optimizer = tf.train.GradientDescentOptimizer(learning_rate=.1)


# Build 3 layer DNN with 10, 20, 10 units respectively.
classifier = tf.contrib.learn.DNNClassifier(feature_columns=feature_
columns,
                                            hidden_units=[10, 20, 10],
                                            optimizer=optimizer,
                                            n_classes=3)
# Fit model.
classifier.fit(x=X_train,
               y=y_train,
               steps=2000)
```

请注意，我们仍然保留之前的 feature_columns 列，但是我们新加入的不是线性分类器，而是 DNN 分类器，即**深度神经网络分类器（deep neural network classifier）**。

以下是在 TensorFlow 中生成神经网络模型的方法。

```
tf.contrib.learn.DNNClassifier(feature_columns=feature_columns,
                               hidden_units=[10, 20, 10],
                               optimizer=optimizer,
                               n_classes=3)
```

我们使用了和之前相同的参数 feature_columns、n_classes 和 optimizer，以及一个新参数 hidden_units。参数 hidden_units 表示输入层和输出层拥有的节点数。

在本例中，神经网络模型有 5 层：

● 第 1 层叫输入层，有 4 个节点，每个节点表示 1 个 iris 的特征；

● 下一个隐藏层有 10 个节点；

● 再下一个隐藏层有 20 个节点；

● 再下一个隐藏层有 10 个节点；

● 最后一层叫输出层，有 3 个节点，每个节点表示神经网络模型可能的输出结果。

下面我们将对模型进行训练，并用测试数据进行测试。

```
# Evaluate accuracy.
accuracy_score = classifier.evaluate(x=X_test,
                                     y=y_test)["accuracy"]
print('Accuracy: {0:f}'.format(accuracy_score))
Accuracy: 0.921053
```

神经网络模型的表现并不好，可能是复杂的神经网络模型不适合这么简单的数据集。我们换一个稍微复杂的数据集再试一次。

MNIST 数据集包含了 50 000 个手写的的数字（0~9），我们的目的是使用模型自动识别图片中的数字。TensorFlow 内置有可直接下载这些图片数据的方法。实际上，我们在第 12 章见过这些图片中的一部分。

```
from tensorflow.examples.tutorials.mnist import input_data
mnist = input_data.read_data_sets("MNIST_data/", one_hot=False)

Extracting MNIST_data/train-images-idx3-ubyte.gz
Extracting MNIST_data/train-labels-idx1-ubyte.gz
Extracting MNIST_data/t10k-images-idx3-ubyte.gz
Extracting MNIST_data/t10k-labels-idx1-ubyte.gz
```

请注意，下载 MNIST 数据的代码中有一个叫 one_hot 的参数。这个参数用于指定数据集是作为一个单一数值的目标变量还是哑变量。

比如，假设数据集中第 1 个数字是 7，那么：

● 如果参数 one_hot 等于 false，则输出 7；

● 如果参数 one_hot 等于 true，则输出 0000000100。

本例中，我们希望目标变量以前者的形式出现，因为这是 TensorFlow 的神经网络模型和 sklearn 的 Logistic 回归模型需要的格式。

数据集已经被分为训练集和测试集，我们用新变量存储这些数据。

```
x_mnist = mnist.train.images
y_mnist = mnist.train.labels.astype(int)
```

我们将变量 *y_mnist* 转换为整型格式（默认为浮点型），否则 TensorFlow 将报错。

出于好奇，我们先查看一张数据集中的图片，如图 13.22 所示。

```
import matplotlib.pyplot as plt
plt.imshow(x_mnist[10].reshape(28, 28))
```

正如我们预期的那样，图片显示的数字和标签数据中第 10 个目标变量相同。

```
y_mnist[10]
0
```

下面，我们查看数据集的大小：

```
x_mnist.shape
(55000, 784)
```

```
y_mnist.shape
(55000,)
```

训练集中有 55 000 张图片。

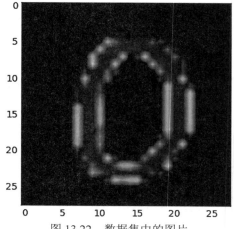

图 13.22　数据集中的图片

接着我们使用深度神经网络模型，看能否从输入的数据集中找出模式。

```
# Specify that all features have real-value data
feature_columns = [tf.contrib.layers.real_valued_column("",
dimension=784)]
optimizer = tf.train.GradientDescentOptimizer(learning_rate=.1)


# Build 3 layer DNN with 10, 20, 10 units respectively.
classifier = tf.contrib.learn.DNNClassifier(feature_columns=feature_
columns,
                                            hidden_units=[10, 20, 10],
                                                optimizer=optimizer,
                                                    n_classes=10)
# Fit model.
classifier.fit(x=x_mnist,
               y=y_mnist,
               steps=1000)
# Warning this is veryyyyyyyyy slow
```

这段代码和之前使用的 DNN 分类器模型类似，只不过在第 1 行代码，我将参数 dimension 改为 784。同时在分类器内部，将参数 n_classes 改为 10。这些参数值必须人为指定，这样 TensorFlow 才能更好地工作。

以上代码运行的时间较长。模型一点一点地调整自己，以尽可能适应训练数据。当然，最终对模型的测试需要使用 TensorFlow 准备好的测试数据。

```
x_mnist_test = mnist.test.images
y_mnist_test = mnist.test.labels.astype(int)

x_mnist_test.shape
(10000, 784)


y_mnist_test.shape
(10000,)
```

测试数据有 10 000 张图片，下面来看神经网络模型是否能够适应这些数据集。

```
# Evaluate accuracy.
accuracy_score = classifier.evaluate(x=x_mnist_test,
                                     y=y_mnist_test)["accuracy"]
print('Accuracy: {0:f}'.format(accuracy_score))
# Accuracy: 0.920600
```

模型的预测准确率还可以！下面我们将该模型和 scikit-learn 中的 Logistic 回归模型作比较。

```
# Warning this is slow
logreg = LogisticRegression()
logreg.fit(x_mnist, y_mnist)

y_predicted = logreg.predict(x_mnist_test)
# predict on our test set, to avoid overfitting!

from sklearn.metrics import accuracy_score
accuracy = accuracy_score(y_predicted, y_mnist_test)

accuracy    # get our accuracy score
0.91969
```

成功啦！神经网络模型的准确率高于标准的线性回归模型！这是因为神经网络模型试图找出每个像素点之间的关系，并利用这种关系和手写的数字做匹配。但是在 Logistic

回归模型中，模型假设每一个输入都是独立的，因此很难找出它们之间的关系。

有很多种方法可以改变神经网络模型的学习策略。

● 可以增加隐藏层的节点数，将神经网络变广，如图 13.23 所示。

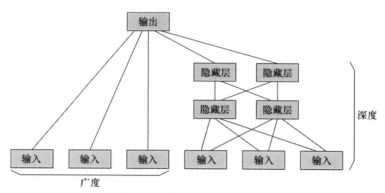

图 13.23　增加隐藏层的节点数

```
# A wider network
feature_columns = [tf.contrib.layers.real_valued_column("",
dimension=784)]

optimizer = tf.train.GradientDescentOptimizer(learning_rate=.1)


# Build 3 layer DNN with 10, 20, 10 units respectively.
classifier = tf.contrib.learn.DNNClassifier(feature_
columns=feature_columns,
                                    hidden_units=[1500],
                                    optimizer=optimizer,
                                        n_classes=10)
# Fit model.
classifier.fit(x=x_mnist,
            y=y_mnist,
            steps=100)
# Warning this is veryyyyyyyyy slow
# Evaluate accuracy.
accuracy_score = classifier.evaluate(x=x_mnist_test,
                                y=y_mnist_test)["accuracy"]
print('Accuracy: {0:f}'.format(accuracy_score))
        Accuracy: 0.898400
```

- 可以增加学习速率，迫使神经网络以更快的速度得出结果。不过我之前已经提醒，这种方法面临着模型可能会跳过最佳答案的风险，建议最好还是使用较低的学习率。

- 可以改变优化的方式。梯度下降是最普遍的方法，但还有其他一些方法，比如**亚当优化（adam optimizer）**。两者的不同点在于遍历误差函数的方式不同，因此找出最优点的方式也不同。不同的领域和不同的问题，适合不同的优化方法。

神经网络算法不能替我们做所有的事情，算法取代不了人工的特征选取过程。我们可以花点时间找出相关性较高、有意义的特征，这样才能极大提高神经网络算法寻找答案的速度。

13.4　总结

本章中，我们通过 3 个不同领域的案例，介绍了多个统计和机器学习方法。3 个案例的共同点是，为了正确解决问题，我们必须养成数据科学的思维方式，掌握获取数据、清洗数据、可视化数据、为数据建模及评价分析过程的能力。

我希望本书对你有所帮助，不仅仅是最后一章。接下来你将独自探索数据科学的世界，我建议你继续学习 Python、统计学和概率论，始终保持开放思维。我希望本书能为你打开数据科学的大门，成为你持续研究该领域的催化剂。

另外，我强烈推荐你继续阅读以下知名的数据科学博客和图书：

- Kevin Markham 的博客 Dataschool；

- Packt 出版社的图书《Python for Data Scientists》。

如果你有任何疑问，请直接发邮件给我 sinan.u.ozdemir@gmail.com，不要客气。